大学计算机基础教育规划教材

"高等教育国家级教学成果奖"配套教材

丛书主编 冯博琴

网络应用基础

杨忠孝 谢涛 程向前 编著

清华大学出版社
北 京

内 容 简 介

本书主要介绍了计算机网络的产生和发展,计算机网络的分层体系结构与 TCP/IP 协议,局域网的概念、特点、组成,因特网的基本工作原理和接入方法,在 Windows XP 下建立各种网络服务,HTML 与 ASP 基础,网络中多媒体的应用,用内容管理系统建设与管理网站,网络应用的安全。

本书的特点是内容新颖,通俗易懂,基础与实践并重,案例实用。可作为非计算机专业的大学生、高等职业院校的计算机网络课程教材,也适合计算机网络爱好者自学参考。

图书在版编目(CIP)数据

网络应用基础/杨忠孝,谢涛,程向前编著. —北京:清华大学出版社,2011.11
(大学计算机基础教育规划教材)
ISBN 978-7-302-25313-6

Ⅰ. ①网…　Ⅱ. ①程…　②杨…　③谢…　Ⅲ. ①计算机网络－基本知识
Ⅳ. ①TP393

中国版本图书馆 CIP 数据核字(2011)第 068125 号

责任编辑:张　民　柴文强
责任校对:梁　毅
责任印制:何　芊

出版发行:清华大学出版社　　　　　　　　　　地　　址:北京清华大学学研大厦 A 座
　　　　　http://www.tup.com.cn　　　　　　　邮　　编:100084
　　　　社　总　机:010-62770175　　　　　　邮　　购:010-62786544
　　　　投稿与读者服务:010-62795954,jsjjc@tup.tsinghua.edu.cn
　　　　质　量　反　馈:010-62772015,zhiliang@tup.tsinghua.edu.cn
印　装　者:北京嘉实印刷有限公司
经　　销:全国新华书店
开　　本:185×260　　　印　　张:12.5　　　字　　数:298 千字
版　　次:2011 年 11 月第 1 版　　　印　　次:2011 年 11 月第 1 次印刷
印　　数:1~4000
定　　价:19.50 元

产品编号:030627-01

进入 21 世纪,社会信息化不断向纵深发展,各行各业的信息化进程不断加速。我国的高等教育也进入了一个新的历史发展时期,尤其是高校的计算机基础教育,正在步入更加科学,更加合理,更加符合 21 世纪高校人才培养目标的新阶段。

为了进一步推动高校计算机基础教育的发展,教育部高等学校计算机科学与技术教学指导委员会近期发布了《关于进一步加强高等学校计算机基础教学的意见暨计算机基础课程教学基本要求》(以下简称《教学基本要求》)。《教学基本要求》针对计算机基础教学的现状与发展,提出了计算机基础教学改革的指导思想;按照分类、分层次组织教学的思路,《教学基本要求》提出了计算机基础课程教学内容的知识结构与课程设置。《教学基本要求》认为,计算机基础教学的典型核心课程包括大学计算机基础、计算机程序设计基础、计算机硬件技术基础(微机原理与接口、单片机原理与应用)、数据库技术及应用、多媒体技术及应用、计算机网络技术及应用。《教学基本要求》中介绍了上述六门核心课程的主要内容,这为今后的课程建设及教材编写提供了重要的依据。在下一步计算机课程规划工作中,建议各校采用"1+X"的方案,即"大学计算机基础"+ 若干必修或选修课程。

教材是实现教学要求的重要保证。为了更好地促进高校计算机基础教育的改革,我们组织了国内部分高校教师进行了深入的讨论和研究,根据《教学基本要求》中的相关课程教学基本要求组织编写了这套"大学计算机基础教育规划教材"。

本套教材的特点如下:

(1) 体系完整,内容先进,符合大学非计算机专业学生的特点,注重应用,强调实践。

(2) 教材的作者来自全国各个高校,都是教育部高等学校计算机基础课程教学指导委员会推荐的专家、教授和教学骨干。

(3) 注重立体化教材的建设,除主教材外,还配有多媒体电子教案、习题与实验指导,以及教学网站和教学资源库等。

(4) 注重案例教材和实验教材的建设,适应教师指导下的学生自主学习的教学模式。

(5) 及时更新版本,力图反映计算机技术的新发展。

本套教材将随着高校计算机基础教育的发展不断调整，希望各位专家、教师和读者不吝提出宝贵的意见和建议，我们将根据大家的意见不断改进本套教材的组织、编写工作，为我国的计算机基础教育的教材建设和人才培养做出更大的贡献。

"大学计算机基础教育规划教材"丛书主编

教育部高等学校计算机基础课程教学指导委员会副主任委员

冯博琴

前 言

随着互联网的蓬勃发展,计算机网络在社会经济和人们生活中占据着越来越重要的地位,成为经济发展和现代生活不可缺少的一部分,掌握计算机网络知识已成为现代社会对人才的基本要求。计算机网络应用基础课是一门实践性很强的课程,实验环节在教学过程中起着重要的作用。本书提供了大量的实用案例。通过这些实验不仅可以加深学生对网络原理的理解和掌握,更重要的是培养学生在网络方面的应用、管理和维护能力,并根据所学知识分析、解决网络应用过程中出现的问题。

本书共分 8 章,第 1 章介绍计算机网络的产生和发展,计算机网络的定义及其分类,网络的主要功能,计算机网络体系结构与网络协议,因特网的基本工作原理和接入方法。

第 2 章介绍局域网的基础知识,局域网的组成、拓扑结构,还介绍了局域网体系结构IEEE 802 参考模型,对于目前使用较多的以太局域网和发展势头较强的无线局域网给出实例。

第 3 章介绍了万维网以及 IE 浏览器的基本知识,深入了解 IE 的更多应用技巧以及插件的概念和强大功能。熟练掌握文件传输、电子邮件、搜索引擎、Google 地球和 BT 下载的应用。

第 4 章介绍了在 Windows XP 下建立 IIS 服务器、Web 服务器和虚拟目录设置,FTP服务器的配置和应用,邮件服务器的配置和应用,最后介绍了远程桌面的应用。

第 5 章介绍了超文本标记语言(HTML)基本概念,HTML 文档的结构和常用元素。静态网页和动态网页的区别。如何使用 VBScript 语言 在 ASP 环境下完成动态网页的编写。最后简单介绍了利用 ASP 的内置对象连接 Access 数据库,并且完成对数据库中记录的添加、修改、删除和显示。

第 6 章介绍了在因特网上连续媒体应用技术。流媒体应用平台的建立、配置、资源的访问和流媒体文件格式的转换。P2P 技术的概念和 P2P 流媒体点播系统的建立。介绍了视频格式 FLV 在网页中的使用。

第 7 章介绍了飞腾内容管理系统,一个基于 ASP 的智能建站系统。利用它可以快速搭建功能全面的网站,使得网站内容的创建、组织和管理变得更加容易。

第 8 章介绍了计算机网络安全的基本概念、密码系统的分类及其应用实例、防火墙的基本概念和功能和使用瑞星杀毒软件和 360 安全卫士进行计算机病毒的防治。

大部分章节配备了实验内容,并建立在 Windows XP 环境下,对于各种教学机房容易满足。在编写过程中从实际应用的需要出发,力求通俗易懂,尽量减少枯燥死板的理论概念,加强了其应用性和可操作性。每章后都编写了练习题,能够将所学的知识迅速地应用到实践中。

　　本书由杨忠孝完成了 1~6,8 章的编写,谢涛完成了第 7 章的编写,程向前完成了全书的审定并提出了改进意见。

　　请通过电子邮件 xiaozhy@mail. xjtu. edu. cn 联系我们。

　　由于编者水平有限,加之编写时间仓促,内容选取和讲解定有不当之处,恳请读者批评指正。

编　者

目　录

第1章

计算机网络概述

生活在当今信息社会里,无时无刻不需要获取和交换信息。在学校、在工作单位、在超市、在机场、在银行,没有计算机网络,几乎什么事都不好做。和水网、电网、煤气网、通信网一样,计算机网络已成为人们生活中不可缺少的组成部分。其应用领域已渗透到社会的各个方面。对整个信息社会有着极其深刻的影响。

1.1　计算机网络的产生和发展

追溯计算机网络的发展历史,和其他事物的发展一样,也经历了从简单到复杂,从低级到高级的过程。在这一过程中,计算机技术与通信技术紧密结合、相互促进、共同发展,最终产生了计算机网络。它的发展可以分为3个阶段。

1.1.1　以单个计算机为中心的远程联机系统

在 1946 年,世界上第一台数字计算机问世,但当时计算机的数量非常少,且非常昂贵。而通信线路和通信设备的价格相对便宜,当时很多人都想去使用主机中的资源,共享主机资源和进行信息的采集及综合处理就显得特别重要了。1954 年,联机终端是一种主要的系统结构形式,这种以单主机互联为中心的互联系统,即主机面向终端系统诞生了,如图 1-1 所示,构成了面向终端的计算机网络。就是一台中央主计算机连接大量的在地理上处于分散位置的终端。早在 20 世纪 50 年代初,美国建立的半自动地面防空系统 SAGE,就是将地面的雷达和其他测量控制设备的信息通过通信线路汇集到一台大型计算机进行

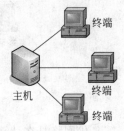

图 1-1　以单个计算机为中心的远程联机系统

处理,开创了把计算机技术和通信技术相结合的尝试。这类简单的"终端—通信线路—计算机"系统,成了计算机网络的雏形。严格地说,与后续发展成熟的计算机网络相比,此系统存在着一个根本的区别。这样的系统除了一台大型计算机外,其他的终端设备都没有自主处理的功能,还不能称为计算机网络。在这里终端用户通过终端机向主机发送一些请求数据运算处理,主机运算后又将结果返回给终端机,而且终端用户要存储的数据是存储在主机里,终端机并不保存任何数据。第一代网络并不是真正意义上的网络而是一个

面向终端的互联通信系统。当时的主机负责两方面的任务：负责终端(不具有处理和存储能力的计算机)用户的数据处理和存储；负责主机与终端之间的通信过程。

随着终端用户对主机的资源需求量增加，主机的作用就改变了，原因是通信控制处理机(Communication Control Processor，CCP)的产生，其主要作用是完成全部的通信任务，让主机专门进行数据处理，以提高数据处理的效率。

当时主机的主要作用是处理和存储终端用户发出对主机的数据请求，通信任务主要由通信控制器(CCP)来完成。这样把通信任务分配给通信控制器，主机的性能就有很大的提高。

联机系统网络典型的范例是美国航空公司与 IBM 公司在 20 世纪 60 年代投入使用的飞机订票系统，当时在全美广泛应用。

1.1.2 多个主计算机通过线路互联的计算机网络

为了克服第一代计算机网络的缺点，提高网络的可靠性和可用性，人们开始研究将多台计算机相互连接的方法。第二代网络是从 20 世纪 60 年代中期到 70 年代中期，随着计算机技术和通信技术的进步，已经形成了将多个单主机互联系统相互连接起来，以多处理机为中心的网络，并利用通信线路将多台主机连接起来，为终端用户提供服务，如图 1-2 所示。

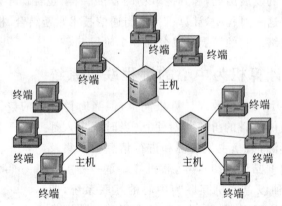

图 1-2 多主机互联系统

第二代网络是在计算机网络通信网的基础上通过完成计算机网络体系统结构和协议的研究形成的计算机初期网络。例如，20 世纪 60 至 70 年代初期由美国国防部高级研究计划局研制的 ARPANET 网络，将计算机网络分为资源子网和通信子网。

计算机网络首先是一个通信网络，各计算机之间通过通信媒体、通信设备进行数字通信，在此基础上各计算机可以通过网络软件共享其他计算机上的硬件资源、软件资源和数据资源。从计算机网络各组成部件的功能来看，各部件主要完成两种功能，即网络通信和资源共享。把计算机网络中实现网络通信功能的设备及其软件的集合称为网络的通信子网，而把网络中实现资源共享功能的设备及其软件的集合称为资源子网。

通信子网是由用于信息交换的结点计算机和通信线路组成的独立的数据通信系统，承担全网的数据传输、转接、加工和变换等通信处理工作。网络结点提供双重作用：一方面作资源子网的接口,另一方面也可作为对其他网络结点的存储转发结点。由于存储转发结点提供了交换功能,故数据信息可在网络中传送到目的结点。

资源子网提供访问的能力,资源子网由主计算机、终端控制器、终端和计算机所能提供共享的软件资源和数据源(如数据库和应用程序)构成。主计算机通过一条高速多路复用线或一条通信链路连接到通信子网的结点上。

就局域网而言,通信子网由网卡、线缆、集线器、中继器、网桥、路由器、交换机等设备和相关软件组成。资源子网由联网的服务器、工作站、共享的打印机和其他设备及相关软件所组成。

在广域网中,通信子网由路由器等设备和连接这些设备的通信链路组成。资源子网由网上的所有主机及其外部设备组成。

1.1.3 具有统一的网络体系结构、遵循国际标准化协议的计算机网络

网络体系结构包括所有的网络组成成分,如计算机软件、硬件和通信线路,各个组成成分的功能和它们的相互关系,需要网络体系结构做出规定和说明。任何事物,当它仅被少数人使用时是不会关心标准化问题的,而当其发展到一定程度就必然会提出标准化的要求。到 20 世纪 70 年代末,国际标准化组织(ISO)成立了专门的工作组来研究计算机网络的标准。标准化的最大好处是开放性,PC 各个组件的标准化使得人们可以自由地选购、组装一台满意的微型计算机;有了网络标准,组建一个计算机网络就不必局限于只买一个公司的产品。标准的计算机网络体系结构是层次结构。所谓协议,简单的理解就是一些预先约定,如给居住在国外的亲友寄信,就要按照英文习惯书写他们的名字,反之,来自国外的信件也应依照中国的习惯和格式书写,否则,邮递员就不能识别。

1.2 计算机网络的定义及其分类

什么是计算机网络? 就是用通信设备和线路,将处在不同地方和空间位置、操作相对独立的多个计算机连接起来,再配置一定的系统和应用软件,在原本独立的计算机之间实现软硬件资源共享和信息传递,那么这个系统就成了计算机网络。

可见,一个计算机网络必须具备以下要素:

* 至少有两台具有独立操作系统的计算机,且相互间有共享的资源部分。
* 两台(或多台)计算机之间要有通信手段将其互联,如用双绞线、电话线、同轴电缆或光纤等有线通信,也可以使用微波、卫星等无线媒体把它们连接起来。
* 协议是很关键的要素,由于不同厂家生产的不同类型的计算机,其操作系统、信息表示方法等都存在差异,它们的通信就需要遵循共同的规则和约定,像讲不同语言的人类进行对话需要一种标准语言才能沟通一样。在计算机网络中需要共同遵守的规则和约定被称为网络协议,由它解释、协调和管理计算机之间的通信和相互间的操作。

按地理范围、传输技术、传输介质等,计算机网络可分为以下几类。

- 局域计算机网(Local Area Network,LAN)通常简称为局域网。局域网通常是为了一个单位、企业或一个相对独立的范围内大量存在的微型计算机能够相互通信,共享某些外部设备(过去高容量硬盘、激光打印机、绘图机都是昂贵的设备)、共享数据信息和应用程序而建立的。典型的局域网络由一台或多台服务器和若干个工作站组成,使用专门的通信线路,信息传输速率很高。现代局域网络一般使用一台高性能的微型计算机作为服务器,工作站可以使用中低档次的微机。一方面工作站可作为单机使用;另一方面可通过工作站向网络系统请示服务和访问资源。

- 广域计算机网(Wide Area Network,WAN)简称广域网。广域网在地理上可以跨越很大的距离,联网的计算机之间的距离一般在几万米以上,跨省、跨国甚至跨洲,网络之间也可通过特定方式进行互联。目前,大多数局域网在应用中不是孤立的,除了与本部门的大型机系统互相通信,还可以与广域网连接,网络互联形成了更大规模的互联网。可使不同网络上的用户能相互通信和交换信息,实现了局域资源共享与广域资源共享相结合。

世界上第一个广域网就是 ARPA 网,利用电话交换网把分布在美国各地不同型号的计算机和网络互联起来。ARPA 网的建成和运行成功,为接下来许多国家和地区组建远程大型网络提供了经验,最终产生了 Internet,它是现今世界上最大的广域计算机网络。

- 广播式网络和点到点网络。按传输技术划分有广播式网络和点到点网络。广播式网络仅有一条通信信道,由网络上的所有计算机共享。向某台主机发送信息就如在公共场所喊人:"老王,有你的信!"在场的人都会听到,而只有老王本人会答应,其余的人仍旧做自己的事情。发往指定地点的信息(报文)将按一定的原则分成组或包(packet),分组中的地址字段指明本分组该由哪台主机接收,如同生活中的人称"老王"。一旦收到分组,各计算机都要检查地址字段,如果是发给自己的,即处理该分组,否则就丢弃。

与之相反,点到点网络由一对对计算机之间的多条连接构成。为了能从源到达目的地,这种网络上的信息分组必须通过一台或多台中间机器,通常是多条路径,长度一般都不一样。因此,选择合理的路径十分重要。一般来说,小的、处于本地的网络(如局域网)采用广播方式,大的网络(如广域网)采用点到点方式。

- 有线网与无线网。按传输介质划分又可分为有线网与无线网。有线网使用有形的传输介质如电缆、光纤等连接通信设备和计算机。在无线网络中,计算机之间的通信是通过大气空间包括卫星进行的。从网络的发展趋势看,网络的传输介质由有线技术向无线技术发展,网络上传输的信息向多媒体方向发展。

- 公用网和专用网。一般是国家的邮电部门建造的网络。"公用网"的意思就是从所有愿意按邮电部门规定交纳费用的人都可以使用。因此,公用网也可以称为公众网。专用网是某个部门为本单位的特殊工作的需要而建立的网络。这种网络不向本单位以外的人提供服务。例如,军队、铁路、电力等系统均有本系统的专用网。

1.3　网络的主要功能

计算机网络有很多用处,其中最重要的3个功能是数据通信、资源共享、分布处理。

- 数据通信:它是计算机网络最基本的功能。它用来快速传送计算机与终端、计算机与计算机之间的各种信息,包括文字信件、新闻消息、咨询信息、图片资料、报纸版面等。利用这一特点,可实现将分散在各个地区的单位或部门用计算机网络联系起来,进行统一的调配、控制和管理。

- 资源共享:"资源"指的是网络中所有的软件、硬件和数据资源。"共享"指的是网络中的用户都能够部分或全部地享受这些资源。例如,某些地区或单位的数据库(如飞机机票、饭店客房等)可供全网使用;某些单位设计的软件可供需要的地方有偿调用或办理一定手续后调用;一些外部设备如打印机,可面向用户,使不具有这些设备的地方也能使用这些硬件设备。如果不能实现资源共享,各地区都需要有完整的一套软、硬件及数据资源,则将大大地增加全系统的投资费用。

- 分布处理:当某台计算机负担过重时,或该计算机正在处理某项工作时,网络可将新任务转交给空闲的计算机来完成。这样处理能均衡各计算机的负载,提高处理问题的实时性;对大型综合性问题,可将问题各部分交给不同的计算机分头处理,充分利用网络资源,扩大计算机的处理能力,即增强实用性。对解决复杂问题来讲,多台计算机联合使用并构成高性能的计算机体系,这种协同工作、并行处理要比单独购置高性能的大型计算机便宜得多。

1.4　计算机网络体系结构与网络协议

一般来说,体系结构是面向用户需求的规划或说明。传统的建筑设计师必须与房屋的最终居住者商量,以便确保新的设计能够符合家庭生活方式或特定需求。对于一个热爱音乐的家庭,房屋可能需要一个有额外隔音的音乐室,用于练习。还可能需要一个用于存储音乐或收藏 CD 的特殊柜子和一套用于欣赏音乐的音响系统。对于坐轮椅的残疾人家庭来说,房屋就需要有斜坡和比较宽的门,而且还需要降低厨房的台面并在卫生间安装扶手。同样,网络设计师必须理解网络用户的需求,以便设计出满足用户需求的网络。

1.4.1　基本概念

不是因为有了体系结构才有网络。在最初的网络通信中,并没有给出总体的规划,也没有对未来做进一步的设想,早期网络对支持新型应用需求不够灵活,结果是每个网络都针对某个应用而建立,设计人员很少考虑与其他应用共享程序或网络。随着技术的发展,网络设计人员和用户逐渐意识到必须有一个更好的使用方法,对于每一新的应用,如果都是完全从头开始建立新的通信网络,不是一种好的做法,需要一种总体规划或体系结构来指导网络及应用的建设开发。作为近代网络发展里程碑的 ARPA 网就采用了分层的方式实现网络,确立了通信子网和资源子网两层网络,以及网络层次结构等概念,并研究了检错、纠错、中继路由选择、分组交换和流量控制等多种控制方法和协议。另外还制定了远程通信和文件传输等多种用户协议,为网络体系结构的发展和完善提供了实践经验。

在 ARPA 网之后,IBM 公司等计算机厂家也在实际网络工作中总结出重要经验,即必须从网络体系结构上研究并制定计算机联网的标准。1974 年,IBM 公司用当年研究系列计算机的系统结构类似的方法,从概念结构上制定了 SNA,使网络的发展进入到网络体系结构标准化的阶段。其他许多计算机的大型制造厂家相继发表了各自的网络体系结构的标准,以支持本公司计算机产品的联网。

1977 年,国际标准化组织(ISO)适应网络向标准化发展的需求,制定了开放系统互联参考模型(OSI/RM),形成网络体系结构的国际标准。它是用于设计和实现计算机之间通信的一组原则;对网络应该实现的功能进行了精确的定义。

1.4.2   网络协议

计算机网络是由多个互联的相互独立的计算机组成的。由于不同厂家生产的计算机类型不同,其操作系统、信息表示方法等都存在差异,它们的通信就需要遵循共同的规则和约定,如同讲不同的语言的人类进行对话需要一种标准语言才能沟通。网络协议是网络通信的语言。协议规定了通信双方互相交换数据或者控制信息的格式、所应给出的响应和所完成的动作以及它们之间的时间关系。计算机之间需要不断地交换数据和控制信息。这个通信的过程是非常复杂的,要做到有条不紊地交换数据,这些为进行网络数据交换而建立的规则、约定或标准,通常称为网络协议。网络体系结构与网络协议是计算机网络技术中两个最基本的概念,一个功能完备的计算机网络需要制定一套可行实用的协议集,对于复杂的计算机网络协议最好的组织方式是层次结构模型。这样可以提高互操作性又能减小理解难度。将计算机网络层次结构和各层协议的集合,定义为计算机网络体系结构。网络协议是所有通信硬件和软件的“黏合剂”,是计算机网络的核心问题。一个网络协议主要由以下要素组成:

- 语义:协议元素含义的解释即“讲什么”。
- 语法:对所表达内容的数据结构形式的一种规定,即“怎样讲”。
- 时序:指事件的执行顺序。

如果用一个协议来描述整个通信规程,此协议一定过于庞大、复杂,甚至无法实现,即使实现了,以后也难于维护、扩展、难互联。为了减少网络设计复杂性,便于网络扩展和互联,需要将网络功能划分为若干层次,每个层次只完成特定的功能,并由该层协议实现这个功能,这种分层设计的思想构成了现代计算机网络体系结构的基础。

像建一栋房子,将设计、建筑、装修一起考虑,就变得极其复杂,一个人不可能完成建房的全过程。由建筑设计师依据用户的需求完成房屋图纸的设计,由建筑工程队依据设计图纸完成房屋主体的建设,最后由装修公司完成房屋装修。

1.4.3   开放系统互联参考模型 OSI/RM

“OSI”3 个字母分别表示开放、系统和互联。“系统”是个包容范围相当广的概念,可以是一个简单的终端,也可以是一个复杂的计算机网络,还可以包括有关的软件、操作人员和通信设施。"开放"的系统是指遵照 OSI 模型与其他系统进行通信的系统。这一系统标准将所有需要互联的开放系统划分为 7 个功能层,自上而下依次是:

第 7 层　应用层

第 6 层　表示层

第 5 层　对话层(或称会话层)

第 4 层　传输层

第 3 层　网络层

第 2 层　数据链路层

第 1 层　物理层

以上 7 层的模型用图 1-3 所示。

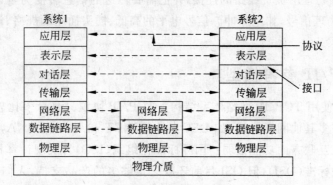

图 1-3　OSI 7 层参考模型

在这些层中,每一层都建立在下一层的基础上,利用下一层的服务来实现自身的功能,并向上一层提供服务,但最高的第 7 层没有需要服务的上一层,最低的第一层没有可利用服务的下一层。这样两个系统进行通信时,通信是由所有对等层之间的通信一起协同完成的。应当注意到,只有物理层与物理层之间的通信是直接的,而其他对等层之间的通信都是间接的。

协议的含义及作用上文已做了简单介绍,进一步说,它包括信息格式、信息传输顺序等约定。接口相当于系统内部的纵向的约定,包括下面一层要提供哪些服务和上面一层如何使用这些服务。以下介绍各层次的功能。

- 应用层:在这一层上,只需关心正在交换的信息,不必知道信息传输的技术,因此,应用层的功能只是处理双方交换来往的信息。

- 表示层:在两个应用层上的用户所用的代码、文件格式、显示终端类型不必一致,这些由表示层来处理。这一层类似于在国际大会上使用"译音器",使与会者听到的都是本国语言的会议发言。

- 对话层:通信的双方需要互相识别,这叫做建立对话关系,所以需要命名约定和编址方案,地址不能相重。对话层还要保证对话按规则有序地进行。

- 传输层:对话层知道通话伙伴的地址和名字,但不需要知道对方具体在哪里,正如给远方的亲友写信,需要知道收信人的地址,可不一定知道具体在什么地方。这是传输层的任务,传输层如同家里的下水管道,使倒进的水流到污水池,但不知道具体按什么路径流。又例如邮筒,负责把投递的信件收集到邮局。传输层另一个功能是进行流量控制,使信息传输的速度不超过对方接收的能力。

- 网络层:网络层具体负责传输的路径,包括选择最佳路径、避开拥挤的路,即常说的路由选择。
- 数据链路层:不论选择什么路径,一条路径总由若干路径段组成,信息是从这些路径段上一段段传过去。在计算机网络中,这种路径段可以是电话线、电缆、光纤、微波等。数据链路层就负责在连接的两台计算机之间正确地传输信息。该层利用一种机制保证信息不丢失、不重复(例如,加上信息校验码);接收方对于收到的信息予以答复,发送方经过一段时间未接到答复则重发等。
- 物理层:物理层负责线路的连接,并把需要传送的信息转变为可以在实际线路上运动的物理信号,如电脉冲。信号电平的高低、插头插座的规格、调制解调器都属于这一层。

1.4.4 TCP/IP 参考模型

Internet 网使用 TCP/IP 网络体系结构。TCP/IP 协议只是众多比较完善的网络协议中的一种。许多其他网络协议,如 DEC 的 DECNET 和 IBM 的 SNA,虽然功能强大,但它们在异种机互联方面功能很弱。国际标准化组织(ISO)为实现计算机网络互联制定了开放系统互联标准(OSI),但 OSI 目前还缺乏足够多的产品支持,人们选择了 TCP/IP 作为实现异种机互联的工业标准。这是一个在国际标准 ISO/OSI 尚未完全被采纳时,用户和厂家共同承认的标准。

在 TCP/IP 协议成为事实上的工业标准之前,TCP/IP 协议经历了近十年的实际测试。早在 20 世纪 70 年代中期,为了支持研究工作,美国国防部高级计划署就开始着手全美范围内异种计算机间的连接。那时,计算机与计算机间的连接使用的还只是点对点专用线路,计算机与计算机的通信规则采用的是各厂家自行定义的专门协议。针对当时的现状,高级计划署与许多机构共同讨论制订了开放的通信协议标准,以满足日益迫切的基于异种操作系统的异种网络之间的通信连接,即 TCP/IP 开放协议。TCP/IP 协议族给出了独立于厂商硬件的数据传送格式及规则。由于它独特的硬件独立性,所以迅速被众多系统使用,范围愈来愈广。如 UNIX 采用 TCP/IP 协议,Windows NT 和 Net ware 均采用 TCP/IP 协议。

TCP/IP 使用客户端/服务器模式进行通信。TCP/IP 通信是点对点的,意思是通信是网络中的一台主机与另一台主机之间进行的。TCP/IP 和开放系统互联协议一样,也具有一个分层的模型。协议的分层有利于软件的编写,因为分层以后将各层的任务和目的明确了。TCP/IP 通信协议采用了 4 层的结构,每一层都呼叫它的下一层所提供的网络来完成自己的需求。这 4 层分别为:

- 应用层:应用程序间沟通的层,如简单电子邮件传输(SMTP)、文件传输协议(FTP)、网络远程访问协议(Telnet)等。
- 传输层:在此层中,提供了结点间的数据传送服务,如传输控制协议(TCP)、用户数据报协议(UDP)等,TCP 和 UDP 给数据包加入传输数据并把它传输到下一层中,这一层负责传送数据,并且确定数据已被送达并接收。Internet 是一个庞大的全球性网络,网络上的拥挤和空闲时间总是交替不定的,加上传送的距离也远近不同,所以传输信息所用时间也会变化不定。TCP 协议具有自动调整"超时"的功能,能很好地适应 Internet 上各种各样的变化,确保传输信息的正确。TCP 协议利用重发技术和拥塞控制机制,向应用程序提供可靠的通信连接,使它能够自动适应网上的各种变化。即使在 Internet 暂时出现堵塞的情况下,TCP 也能够保证通信的可靠。

- 网络层:负责提供基本的数据封包传送功能,让每一块数据包都能够到达目的主机(但不检查是否被正确接收),如网际协议 IP。提供了能适应各种各样网络硬件的灵活性,对底层网络硬件几乎没有任何要求,如果希望能在 Internet 上进行交流和通信,则每台连上 Internet 的计算机都必须遵守 IP 协议。

因此,可以了解到:IP 协议只保证计算机能发送和接收分组资料,而 TCP 协议则可提供一个可靠的、可控的、全双工的信息流传输服务。

- 网络接口层:对实际的网络媒体的管理,定义如何使用实际网络(如 Ethernet)来传送数据。

1.4.5 OSI/RM 与 TCP/IP 参考模型的比较

OSI 参考模型与 TCP/IP 参考模型有很多相似之处,都基于独立的协议栈的概念,强调网络技术独立性和端对端确认,且层的功能大体相同,两个模型能够在相应的层找到相应的对应功能。当然,它们之间还存在很多不同。

- 分层模型存在差别。TCP/IP 模型没有会话层和表示层,并且数据链路层和物理层合而为一。
- OSI 模型有 3 个主要明确概念:服务、接口、协议。而 TCP/IP 参考模型最初没有明确区分这三者。这是 OSI 模型最大的贡献。
- TCP/IP 模型一开始就考虑通用连接,而 OSI 模型考虑的是由国家运行并使用 OSI 协议的连接。
- 通信方式上,在网络层 OSI 模型支持无连接和面向连接的方式,而 TCP/IP 模型只支持无连接通信模式;在传输层 OSI 模型仅有面向有连接的通信,而 TCP/IP 模型支持两种通信方式,给用户选择机会。这种选择对简单的请求-应答协议是非常重要的。

OSI 参考模型与 TCP/IP 参考模型都不完美,由于在 ISO 制定 OSI 参考模型过程中总是着眼于通信模型所必需的功能,在制定过程中忽略了互联网协议的重要性。当考虑到这一点时,却由于功能复杂难以实现等原因,失去了市场。而 TCP/IP 模型在现存的协议基础上,考虑到"将协议实际安装到计算机中如何进行编程最好"实际应用的问题,使得在实现上比较容易,得到了广大用户的支持,也得到了大厂商的支持,所以 TCP/IP 参考模型得到了发展。

1.5 Internet 简介

Internet 给人类提供了一种更好、更新的通信方式,跨越民族、国家和地域的限制,使全球的人们能互相快速联系,这是任何一种传统通信方式都无法比拟的。Internet 正逐渐地渗透到人类生活的各个领域,真可谓无处不在、无处不有。

在 Internet 上有各种各样丰富的资源,浩瀚如烟。从科学公理到无知妄说,从国际局势到个人隐私……总之令人目不暇接,不出门便知天下事。

1.5.1 Internet 的基本工作原理

Internet 的工作原理主要包括以下 3 个方面的内容。

1. 统一的通信规则

Internet 互联网连接了世界上不同国家与地区不同硬件、不同操作系统与不同软件的计算机,为了保证这些计算机之间能够畅通无阻地交换信息,必须有统一的通信规则,这就是 TCP/IP 协议。

2. 分组交换

TCP/IP 协议所采用的通信方式是分组交换技术。也就是说将网络中每一台计算机所要传输的数据,划分成若干个大小相同的信息小组,每个小组称为一个数据包,TCP/IP 协议的基本传输单位是数据包。计算机网络为每台计算机轮流发送这些数据包,直到发送完毕为止。这种分割总量,轮流发送的规则就叫做分组交换。

分组交换能够使多台计算机共享通信线路,提高了通信效率。分组交换技术允许在网络上的任一台计算机在任何时候都能发送数据。一台计算机可以在其他计算机准备好使用网络之前就开始发送分组。如果在某一时刻只有一台计算机正在使用网络,那么这台计算机就可以独自地连续发送自己的分组。这时如果另一台计算机进入这个网络,准备开始发送数据,那么共享线路就开始了。两台计算机轮流发送,两台计算机公平地按相同的时间段分享网络线路。如果这时又有第 3 台计算机准备开始发送数据,这 3 台计算机公平地按相同的时间段分享网络线路。当这 3 台计算机中的一台(如 2 号计算机)停止发送数据,网络会自动调整共享的策略,剩余的两台计算机轮流分享网络线路进行发送。更为重要的是,每台计算机并不知道同一时刻还有多少台计算机在使用网络,关键是:由于分组交换能够在有新的一台计算机准备发送数据和网络中的某一台计算机结束发送数据时立即进行自动调整,因而每台计算机在任一给定的时刻都能够公平地分享网络线路。

3. C/S 工作模式

目前,Internet 许多应用服务,如 E-mail、WWW、FTP 等都是采用这种方式,大大减少了网络数据传输量,具有较高的效率,能够充分实现网络资源共享。

C/S 模式(Client/Server 即客户机/服务器)是由客户机、服务器构成的一种网络计算环境,它把应用程序分成两部分,一部分运行在客户机上;另一部分运行在服务器上,由两者各司其职,共同完成。可以简化应用系统的程序设计过程,特别是可以使客户程序与服务程序之间的通信过程标准化。正因为如此,Internet 上的同一种服务往往有许多种不同的客户程序和不同的服务程序,这些程序因为是按照相同的通信协议设计的,故而可以在不同的硬件环境和操作系统环境下运行并且有效地进行通信。这正是 Internet 的威力所在。

把客户程序和服务程序放在不同的主机上(当然也可以放在相同的主机上)运行可以实现数据的分散化存储和集中化使用。这意味着可以降低应用系统对硬件的技术要求(如内存和磁盘容量以及 CPU 速度等),使各种规模的计算机(包括最普通的微机)都可以作为 Internet 的主机使用。这也是 Internet 的一大优点。

1.5.2　Internet 的 IP 地址和域名

在 Internet 中,要进行网络通信和网络间的互联,必然要定义每台工作站和路由器(或网关)的 IP 地址,IP 地址是网络中每台工作站和路由器的标识,就像申请电话需要分给一个电话号码一样,在 Internet 中主机之间在通信时能够相互识别。这个 IP 地址在全球必须是唯一的。根据 TCP/IP 协议标准,IP 地址由 32 个二进制位表示。如西安交通大学的 Web 服务器的 IP 地址为 11001010011101010000000100001101,这样不好写也不好记。通常人们用每 8 个二进制位为一个字节段,共分为 4 个段。每段用十进制数表示,每个字节段间用圆点分隔,用 202.117.1.13 来表示。

IP 地址又分网络地址和主机地址两部分,如图 1-4 所示,处于同一个网络内的各结点,其网络地址是相同的。主机地址规定了该网络中的具体结点,如工作站、服务器、路由器等。

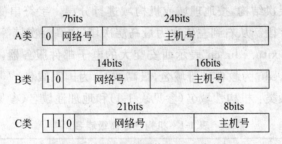

图 1-4　IP 地址又分网络地址和主机地址

IP 地址一般分为 3 类：A 类、B 类、C 类。

A 类　0.0.0.0～126.255.255.255

B 类　128.0.0.0～191.255.255.255

C 类　192.0.0.0～223.255.255.255

具体规则如下：

网络地址：

- 网络地址必须唯一。

- 网络地址不能以十进制数 127 开头,它保留给内部诊断返回函数。
- 网络地址部分第一个字节不能为 255,它用作广播地址。
- 网络地址部分第一个字节不能为 0,表示为本地主机,不能传送。

主机(网络中的计算机)地址:

- 主机地址部分必须唯一。
- 主机地址部分的所有二进制位不能全为 1,它用作广播地址。
- 主机地址部分的所有二进制位不能全为 0。

IP 地址又分为公有和私有地址。公有 IP 是合法的,这些 IP 地址分配给注册并向国际互联网络信息中心提出申请的组织机构,通过它直接访问 Internet。公有 IP 包括固定 IP 地址和动态 IP 地址。

- 固定 IP 地址是长期固定分配给一台计算机使用的 IP 地址,动态 IP 地址通过 Modem 和电话线上网等的主机不具备固定 IP 地址,而是由 ISP 动态分配暂时的一个 IP 地址,这些都是计算机系统自动完成的。
- 私有地址属于非注册地址,专门为组织机构内部使用,下面列出留用的内部地址。

  A 类　10.0.0.0

  B 类　172.16.0.0～172.31.0.0

  C 类　192.168.0.0～192.168.255.255

由于数字地址标识不便记忆,因此又产生了域名,以便人们记忆和书写,像 www. xjtu. edu. cn 就是西安交通大学 Web 服务器的域名,与 IP 地址相比,更直观一些,IP 地址与域名之间存在着对应关系,在 Internet 实际运行时域名地址由专用的服务器 (DomainName Server,DNS)转换为 IP 地址。

域名系统采用层次结构,按地理域或机构域进行分层。字符串的书写采用圆点将各个层次域分成层次字段。从右到左依次为最高层次域、次高层次域等,最左的一个字段为主机名。例如,mail. xjtu. edu. cn 表示西安交大的电子邮件服务器,其中 mail 为服务器名,xjtu 为交大域名,edu 为教育科研域名,最高域 cn 为国家域名。

最高层域分两大类:机构性域名(参见表 1-1)和地理性域名(参见表 1-2)。

表 1-1　机构性最高级域名

名　　字	机构的类型
COM(Commercial)	商业机构(大多数公司)
EDU(Education)	教育机构(如大学和学院)
NET(Network)	Internet 网络经营和管理
GOV(Government)	政府机关
MIL(Military)	军事系统(军队用户和他们的承包商)

表 1-2   地理性最高级域名

国家或地区	域名	国家或地区	域名	国家或地区	域名
中国	cn	澳门	mo	澳大利亚	au
香港	hk	日本	jp		
台湾	tw	英国	-uk		

各种域名代码在 Internet 委员会公布的一系列工作文档中做了统一的规定。美国的国家域名 us 可以省略。

1.5.3   接入 Internet 的常用方法

要获取 Internet 上丰富的信息资源时,必须通过某种方式接入 Internet,随着技术的不断发展,接入方法也在不断发展。下面介绍几种在日常工作学习中常用的方法。

1. 通过 Modem—电话线接入

现在接入 Internet 方式比较多,在家中上网的用户通过调制解调器(Modem)拨号入网是最方便的一种。使用的是公用通用帐号和密码(如帐号 16300,密码 16300),不需要单独的申请,这样即使是带着笔记本电脑到异地去旅游,只要旅店里有电话就可以上网。但上网的最高速率是 56kbps,远远不能满足网上多媒体信息传输的需求。

2. 通过 ADSL 方式接入

ADSL 是当前比较流行的方式,是家庭上网的首选方式,可以在普通的电话铜缆上提供上、下行非对称的传输速率(带宽)。节省费用,上网同时可以打电话,互不影响。而且上网时不需要另交电话费。安装简单,只需要在普通电话线上加装 adslmodem,在计算机上装上网卡即可。

当然还需要了解自己所在的区域是否能够安装 ADSL 线路,因为 ADSL 使用的是现有的电话线路,对于传输距离与线路质量要求都非常高。所以,在安装之前,应该仔细询问运营商服务人员,自己所在的区域是否能够安装。最后还需要考虑上网的传输速率,有1M、2M、3M 等多种不同的选择。

3. 通过专线接入

专线入网是以专用线路为基础,需要专用设备,连接费用相对较高,主要适合企业与团体。再就是在专线集团内部的个人,可以通过内部局域网以较高的速度连上 Internet,享受网络信息服务。可以选择 DDN 数据专线、Cable-Modem、光纤等。

4. 通过无线接入

随着手机、掌上电脑、笔记本电脑的普及,人们对无线上网的需求越来越大。以GPRS、CDMA 等为代表的无线上网技术开始走进人们的生活。诺基亚、爱立信等著名手机厂商纷纷推出了支持 GPRS 服务的手机。

GPRS 的英文全称为 General Packet Radio Service,中文含义为通用分组无线服务,是利用"包交换"(Packet-Switched)的概念所发展出的一套无线传输方式。所谓的包交换就是将 Data 封装成许多独立的封包,再将这些封包一个一个传送出去,形式上有点类似寄包裹,采用包交换的好处是只在有资料需要传送时才会占用频宽,而且可以以传输的资料量计价,GPRS 最高传输速率为 171.2kbps。

GPRS 的开通为 WAP 业务的发展提供了更加广阔的空间,GPRS 网络好像是高速公路,WAP 好比是行驶在路上的汽车;在高速公路上汽车可以跑得更快,在 GPRS 网络上,WAP 也将运行得更成功。无线应用协议(Wireless Application Protocol,WAP)是一个开放式标准协议,可以把网络上的信息传送到移动电话或其他无线通信终端上。

WAP 是由爱立信(Ericsson)、诺基亚(NOKIA)、摩托罗拉(MOTOrola)等通信业巨头在 1997 年成立的无线应用协议论坛(WAP Forum)中所制定的。可以把网络上的信息传送到移动电话或其他无线通信终端上。使用一种类似于 HTML 的标记式语言(Wireless Markup Language,WML),相当于国际互联网上的超文本标记语言(HTML),并可通过 WAP Gateway 直接访问一般的网页。通过 WAP,可以随时随地利用无线通信终端来获取互联网上的即时信息或公司网站的资料,真正实现无线上网,是移动通信与互联网结合的产物。

WAP 能够运行于各种无线网络之上,如 GSM、GPRS、CDMA、3G 等。支持 WAP 技术的手机能浏览由 WML 描述的 Internet 内容。

通过 WAP 这种技术,就可以将 Internet 的大量信息及各种各样的业务引入移动电话、PDA 等无线终端之中。无论在何时、何地只要需要信息,打开 WAP 手机,就可以享受无穷无尽的网上信息或者网上资源。如综合新闻、天气预报、股市动态、商业报道、当前汇率等。电子商务、网上银行也将逐一实现。通过 WAP 手机还可以随时随地获得体育比赛结果、娱乐圈趣闻等。为生活增添情趣,也可以利用网上预定功能,把生活安排得有条不紊。

3G 是指第三代移动通信技术,是将无线通信与互联网等多媒体通信结合的新一代移动通信系统。现在中国电信、中国联通、中国移动都能提供 3G 上网服务,目前主要有 W-CDMA、CDMA 2000 和 TD-SCDMA 3 个主流 3G 标准。

3G 技术的主要优点是能极大地增加系统容量、提高通信质量和数据传输速率。此外利用在不同网络间的无缝漫游技术,可将无线通信系统和 Internet 连接起来,从而可对移动终端用户提供更多更高级的服务。它能够方便、快捷地处理图像、音乐、视频流等多种媒体形式,提供包括网页浏览、电话会议、电子商务等多种信息服务,为手机融入多媒体元素提供强大的支持。

本章小结

本章讲解了计算机网络的产生和发展,计算机网络的定义及其分类,网络的主要功能,计算机网络体系结构与网络协议,开放系统互联参考模型 OSI/RM,当今 Internet 所使用的 TCP/IP 参考模型和 Internet 的基本工作原理。

习题

选择题：

1. 计算机网络是计算机与（　　）结合的产物。

    A. 电话　　　　　　B. 通信技术　　　　　　C. 线路　　　　D. 各种协议

2. TCP/IP 是一组（　　）。

    A. 局域网技术

    B. 广域网技术

    C. 支持同一种计算机（网络）互联的通信协议

    D. 支持异种计算机（网络）互联的通信协议

3. 网络协议是（　　）。

    A. 网络用户使用网络资源时必须遵守的规定

    B. 网络计算机之间进行通信的规则

    C. 网络操作系统

    D. 用于编写通信软件的程序设计语言

4. 一座大楼内的一个计算机网络系统，属于（　　）。

    A. PAN　　　　　　B. LAN　　　　　　C. MA　　　　D. WAN

5. 计算机网络中可以共享的资源包括（　　）。

    A. 硬件、软件、数据、通信信道　　　　B. 主机、外设、软件、通信信道

    C. 硬件、程序、数据、通信信道　　　　D. 主机、程序、数据、通信信道

6. 第二代计算机网络的主要特点是（　　）。

    A. 计算机—计算机网络

    B. 以单机为中心的联机系统

    C. 国际网络体系结构标准化

    D. 各计算机制造厂商网络结构标准化

7. 计算机网络是计算机技术和通信技术相结合的产物，这种结合开始于（　　）。

    A. 20 世纪 50 年代　　　　　　B. 20 世纪 60 年代初期

    C. 20 世纪 70 年代　　　　　　D. 20 世纪 60 年代中期

8. Internet 上许多不同的复杂网络和许多不同类型的计算机可以互相通信的基础是（　　）。

    A. ATM　　　　　　B. TCP/IP　　　　　　C. Novell　　　　D. X.25

问答题：

1. 什么是计算机网络？它的功能是什么？为什么要建立计算机网络？

2. 简述计算机网络的功能,联系实际,谈谈对计算机网络的认识。

3. 为什么要建立网络体系结构?

4. OSI/RM 与 TCP/IP 参考模型有什么不同?

5. 为什么说 TCP/IP 参考模型是事实上的工业标准?

6. 计算机网络分成哪几种类型? 试比较不同类型网络的特点。

7. 接入 Internet 的常用方法有哪些? 比较它们的优缺点。

第2章

局 域 网

　　局域网(LAN)是在 20 世纪 80 年代出现的一种网络技术,应该说是应资源共享需求而产生的。由于具体的应用范围、应用目的等的不同,网络的规模、结构以及所采用的网络技术不相同,其网络的组成也不尽相同。简单网络只需要一根电缆就可将几台计算机互联起来,而复杂的网络则需要构建专门的、复杂的数据通信系统,以便将分布在不同地方的许多计算机互联在一起。但不论是简单的网络还是复杂的网络,主要是由计算机、网络连接设备、传输介质,以及网络协议和网络软件等组成的。局域网主要建在一个办公室一个办公楼或一个大院内,允许用户相互通信和共享诸如打印机和存储设备之类的计算机资源。

2.1　局域网概述

2.1.1　局域网的特点

　　一般所说的局域网是指以微型计算机为主组成的局域网,是一个覆盖地理范围相对较小的高速、误码率低的数据网络。提供包括对设备和应用的共享访问、互联用户的文件交换、电子邮件和其他应用程序间的通信等。局域网具有以下主要特点:

- 通信速率较高。局域网络通信传输率已从 10Mbps 到 100Mbps,随着局域网技术的进一步发展,目前正在向着更高的速度发展,出现了千兆以太网等。
- 通信质量较好,传输误码率非常低,位错率通常在 $10^{-7}\sim10^{-12}$ 之间。
- 通常属于某一部门、单位或企业所有。由于 LAN 的范围一般在 0.1km~2.5km 之内,分布和高速传输使它适用于一个企业、一个部门的管理,所有权可归某一单位,在设计、安装、操作使用时由单位统一考虑、全面规划,不受其他因素的约束。
- 支持多种通信介质。例如:双绞线、光纤及无线传输等。
- 局域网络成本低,安装、扩充及维护方便。LAN 一般使用价格低而功能强的微型计算机作为工作站。LAN 的安装较简单,可扩充性好,尤其在目前大量采用以交换机(switch)为中心的星型网络结构的局域网中,扩充服务器、工作站等十分方便,某些工作站出现故障时整个网络仍可以在正常工作。
- 如果采用宽带局域网,则可以实现数据、语音、图像和视频的综合传输。在基带网上,随着技术的迅速发展也逐步能实现语音和静态图像的综合传输,这正是办公自动化所需求的。

2.1.2　局域网的拓扑结构

局域网中的计算机等设备之间的连接方式就叫做"拓扑结构",也就是说这些网络设备是如何连接在一起的。目前常见的局域网络拓扑结构主要有以下 4 大类:星型结构、环型结构、总线型结构和树型结构。

1. 星型结构

这种结构是目前在局域网中应用最为普遍的一种,如图 2-1 所示。在企事业单位所建的局域网络中几乎都是采用这一方式。这类网络目前用得最多的传输介质是无屏蔽双绞线,如常见的 5 类线、超 5 类双绞线等。这种网络的基本特点如下:

- 容易实现,所采用的传输介质一般都是采用通用的双绞线,这种传输介质相对来说比较便宜,这种拓扑结构主要应用于 IEEE 802.3 标准的以太局域网中。
- 结点扩展、移动方便,结点扩展时只需要从集线器或交换机等集中设备中拉一条双绞线即可,而要移动一个结点只需要把相应结点设备移到新结点即可,而不会像环型网络那样"牵一发而动全身"。
- 维护容易,一个结点出现故障不会影响其他结点的连接,可任意拆走故障结点。
- 采用广播或组播传送方式:任何一个结点发送信息在整个网中的结点都可以收到,这在网络方面存在一定的隐患,但这在局域网中使用影响不大。
- 传输速率快。

2. 环型结构

这种结构的网络形式主要应用于令牌网中,如图 2-2 所示。在这种网络结构中各设备是直接通过电缆来串接的,最后形成一个闭环,整个网络发送的信息就是在这个环中传递,通常把这类网络称为"令牌环网"。这种结构的网络主要有如下特点:

- 这种网络结构一般仅适用于 IEEE 802.5 的令牌网(Token ring network),在这种网络中,"令牌"在环型连接中依次传递。
- 这种网络实现也非常简单,投资最小。组成这个网络除了各工作站就是传输介质,以及一些连接器材,没有价格较贵的结点集中设备,如集线器和交换机。但也正因为这样,这种网络所能实现的功能最为简单,仅能当作一般的文件服务模式。

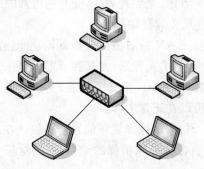

图 2-1　星型结构

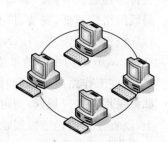

图 2-2　环型结构

- 维护困难：从其网络结构可以看到，整个网络各结点间是直接串联，这样任何一个结点出了故障都会造成整个网络的中断、瘫痪，维护起来非常不便。
- 扩展性能差：它的环型结构，决定了它的扩展性能远不如星型结构好。

3. 总线型结构

这种网络拓扑结构中所有设备都直接与总线相连，如图 2-3 所示。所采用的介质一般是同轴电缆（包括粗缆和细缆），不过现在也有采用光缆作为总线型传输介质，这种结构具有以下特点：

- 组网费用低，这样的结构根本不需要另外的互联设备，是直接通过一条总线进行连接，所以组网费用较低。
- 这种网络因为各结点是共用总线带宽的，所以在传输速度上会随着接入网络的用户的增多而下降。
- 网络用户扩展较灵活，需要扩展用户时只需要添加一个接线器即可，但所能连接的用户数量有限。
- 维护较容易，单个结点失效不影响整个网络的正常通信。但是如果总线一断，整个网络或者相应主干网段就断了。

4. 树型结构

树型结构由总线结构演变而来，形状像一棵倒置的树，顶端为根，从根向下分支，每个分支又可以延伸出多个子分支，一直到树叶，这树叶就是用户终端设备，如图 2-4 所示。这种结构易于扩展，一个结点发生故障很容易从网络上脱离，便于隔离故障。

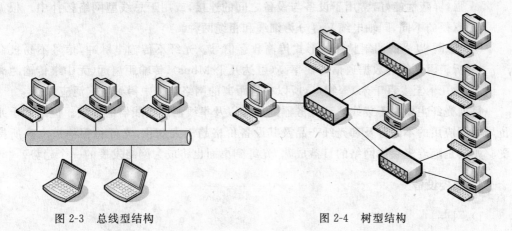

图 2-3　总线型结构　　　　　　　　图 2-4　树型结构

2.1.3　局域网的基本组成

局域网一般由服务器、用户工作站、传输介质和连接设备几部分组成。

1. 服务器

运行网络操作系统并提供硬盘、文件、数据、打印及共享等服务功能，是网络控制的核心。服务器一般是 24 小时不间断地工作,需要有极高的稳定性,同时为保证数据的快速吞吐、安全、备份。所以不能采用自己组装的微型计算机来代替,最好采用专用的服务器。国产服务器的品质已大幅提高,如联想、浪潮等。目前常用网络操作系统(NOS)主要有 UNIX、Linux、Windows Server 2003。

2. 客户机

客户机可以有自己的操作系统(OS)独立工作,通过运行客户机网络软件访问 Server 共享资源。一般用微型计算机(也可以是自己组装的)来充当。目前常用的操作系统主要有 Linux、Windows 2000 及 Windows XP。

3. 传输介质

目前常用的传输介质有双绞线、同轴电缆、光纤。

- 双绞线:是由两根具有绝缘保护的铜导线组成的。把两根绝缘的铜导线按一定的密度互相绞在一起,可降低信号干扰的影响程度,每一根导线在传输中辐射出来的电波会被另一根线上发出的电波抵消,并在每根铜导线的绝缘层上分别涂有不同的颜色,以示区别。双绞线分为非屏蔽双绞线(UTP)和屏蔽双绞线(STP)。局域网中的非屏蔽双绞线分为 5 类、超 5 类线和 6 类线。传输速度为 10/100Mbps、1000Mbps。使用双绞线的最大长度为 100 米。
- 同轴电缆:由一层网状铜导体和一根位于中心轴线的铜导线组成。中心导线、网状导体和外界之间分别用绝缘材料隔开。与双绞线相比,同轴电缆的抗干扰能力强,屏蔽性能好,常用于设备与设备之间的连接,或用于总线型网络拓扑中。根据直径的不同,同轴电缆又可分为细缆和粗缆两种。
- 光纤:以光的调制脉冲的形式传输数字信号。光纤不传输电脉冲,信号不易被窃听。因光纤的数据通信传输率高(可达几千 Mbps)、传输距离远(无中继传输距离达几十至上百千米)等特点,所以在远距离的网络布线中得到了广泛应用。

目前光纤主要用于集线器到服务器的连接以及集线器到集线器的连接。但随着千兆位局域网应用的不断普及和光纤产品及其设备价格趋于大众化,光纤将很快被大家所接受。尤其是随着多媒体网络的日益成熟,光纤到桌面也将成为网络发展的一个趋势。

4. 连接设备

1) 网卡

网卡的主要工作是接收数据和发送数据,将工作站或服务器连接到网络上,实现资源共享和相互通信;数据转换和电信号匹配。网卡是局域网中最基本的部件之一。

日常使用的网卡都是以太网网卡。网卡按其传输速度可以分为 10M 网卡,10/100M 自适应网卡,以及千兆网卡,目前使用最多的是 10/100M 自适应网卡。对于千兆的网卡,主要用于高速的服务器。按总线接口还可分为 ISA、PCI 网卡;按传输介质接口可分为 BNC、RJ45 网卡。

在无线局域网不断发展的今天,无线网卡以无线的方式连接上网。无线网卡按照接口的不同可以分为多种,一种是台式机专用的 PCI 接口无线网卡;另一种是笔记本电脑专用的 PCMCIA 接口网卡。还有一种是 USB 无线网卡,这种网卡不管是台式机用户还是笔记本用户都可以使用。

2) 集线器(HUB)

当用 RJ45 双绞线组成星型局域网时,就需要一个集线器(HUB)了,它是局域网中的重要设备。集线器的功能就是分配频宽,将局域网内各自独立的计算机连接在一起并能互相通信的设备,主要分为 100M、10/100M 自适应、1000M 几种。按接口也可分为 4 口、8 口、16 口、32 口等。

3) 网桥

网桥工作在数据链路层,将 2 个 LAN 连起来,根据 MAC 地址来转发帧,可以看作一个"低层的路由器"(路由器工作在网络层,根据网络地址如 IP 地址进行转发)。网桥的功能在延长网络跨度上类似于中继器,然而它能提供智能化连接服务,即根据帧的终点地址处于哪一网段来进行转发和滤除。网桥对站点所处网段的了解是靠"自学习"实现的。使用网桥进行互联克服了物理限制,这意味着构成 LAN 的数据站总数和网段数很容易扩充。网桥纳入存储和转发功能可使其适应于连接使用不同 MAC 协议的两个 LAN,因而构成一个不同 LAN 混连在一起的混合网络环境。

网桥的中继功能仅仅依赖于 MAC 帧的地址,因而对高层协议完全透明。网桥将一个较大的 LAN 分成段,分隔两个网络之间的广播通信量,有利于改善可靠性、可用性和安全性。

4) 交换机

交换式集线器简称交换机,英文名为 switch,也是局域网中的一种重要设备。交换机是一种具有高性价比,简单实用高性能及高端口密集等特点的交换技术产品,可将收到的数据包根据目的地址转发到相应的端口。与一般 HUB 不同:HUB 是共享带宽,即将数据转发到同一网段的所有计算机,各个计算机判断是自己的就接收,不是就丢掉。即同一网段的计算机共享固有的带宽,传输通过碰撞检测进行,同一网段计算机越多,传输碰撞也越多,传输速率会变慢;而 switch 每个端口为固定带宽,有独特的传输方式,传输速率不受计算机台数增加影响,所以更优秀,网桥与交换机都是工作在数据链路层,交换机可以认为是一个多端口的网桥。

5) 路由器

当两个不同类型的网络或不同网段的网络要通信时,就必须使用路由器(ROUTER),路由器的工作原理和交换机有些相同,而且很多时候它们还是相辅相成的,所以路由器的作用除了连接不同的网络之外,另一个作用就是可"就近"选择信息传送最畅快的通路,从而提高整个网络的速度。它在各种级别的网络中受到了广泛的应用,如针对接入中小型企业和一般家庭用户的接入路由器;企业各种终端相连的企业级路由器及骨干级路由器。

有 Internet 的地方就会有路由器,路由器在今后也会是许多场合不可或缺的网络设备。

2.2　局域网体系结构

在 20 世纪 80 年代初期,美国电气和电子工程师学会 IEEE 802 委员会首先制订出局域网的体系结构,即著名的 IEEE 802 参考模型。许多 802 标准现已成为 ISO 国际标准。

2.2.1　IEEE 802 标准

经过多年的努力,形成了 IEEE 802 标准系列,已经公布的标准如下:

802.1——概述、体系结构和网络互联,以及网络管理和性能测量。

802.2——逻辑链路控制 LLC。这是高层协议与任何一种局域网 MAC 子层的接口。

802.3——CSMA/CD。定义 CSMA/CD 总线网的 MAC 子层和物理层的规范(以太网)。

802.4——令牌总线网。定义令牌传递总线网的 MAC 子层和物理层的规范。

802.5——令牌环型网。定义令牌传递环型网的 MAC 子层和物理层的规范。

802.6——城域网 MAN。定义城域网的 MAC 子层和物理层的规范。

802.7——宽带技术。

802.8——光纤技术。

802.9——综合话音数据局域网。

802.10——可互操作的局域网的安全。

802.11——无线局域网。

802.12——优先级高速局域网(100Mbps)。

802.14——电缆电视(Cable-TV)。

局域网的一个显著特点是网上的所有计算机使用一条共享信道进行广播式通信,这是和点对点链路组成的广域网通信方式的重要区别。和 ISO/RM 相比,LAN/RM 只相当于 OSI 的最低两层。物理层用来建立物理连接是必须的。数据链路层把数据转换成帧来传输,并实现帧的顺序控制、差错控制及流量控制等功能,使不可靠的链路变成可靠的链路,也是必要的。由于在 IEEE 802 成立之前,采用不同的传输介质和拓扑结构的局域网就已存在,这些局域网采用不同的介质访问控制方式,各自有其自身的特点和适用场合。IEEE 802 无法用统一的方法取代它们,只能允许其存在。因而为每种介质访问方式制定一个标准,从而形成了多种介质控制(MAC)协议。为使各种介质访问控制方式能与上层接口保证传输可靠,所以在其上又制定了一个单独 LLC 子层。这样,MAC 子层依赖于具体的物理介质和介质访问控制方法,而 LLC 子层与媒体无关,对上屏蔽了下层的具体实现细节,使数据帧的传输独立于所采用的物理介质和介质访问方式。同时它允许继续完善和补充新的介质访问控制方式,适应已有的和未来发展的各种物理网络,具有可扩充性。

2.2.2　以太网

以太网最早是由 Xerox 公司在 20 世纪 70 年代中期开发的,采用宽带粗同轴电缆作为传输介质。Xerox 公司的工程师 Metcalfe 和 Boogs 将他们建立的局域网络命名为以太网(Ethernet),其灵感来自于"电磁辐射是可以通过发光的以太来传播的"这一想法。以太网是最早标准化的局域网,也是目前部署最广泛的局域网。以太网是发展最成熟的、基于标准化的、性价比极高的产品,并且得到业界几乎所有经销商的支持。

传统以太网是指那些运行在 10Mbps 速率的以太网。虽然今天的以太网早已进化到快速以太网(Fast Ethernet,FE)、千兆以太网(Gigabit Ethernet,GE)乃至万兆以太网,但它们基本的工作原理都是从传统以太网演化而来的,与传统以太网有着千丝万缕的联系。因此,学习传统以太网的工作原理仍然是学习其他新型网络技术的基础之一。

以太网的核心是以太网协议,称为"IEEE 802.3 带有冲突检测的载波侦听多路访问(CSMA/CD)方法和物理层技术规范"。它是今天运行的大多数局域网所使用的协议。IEEE 802.3 的正式协议标准于 1985 年发布,此后,IEEE 802.3 标准又被 ISO 接纳为国际标准,编号为 ISO/IEC 8802-3。由于技术的发展,在以后的 20 多年中,IEEE 802.3 标准也在一直不断地修订和扩充。由于以太网具有极强的灵活性和适应性,再加上标准化工作做得非常好,所以受到了众多网络设备厂商的大力支持,迅速地被市场接受。目前,世界上正在运行的局域网中,90%以上都是以太网。

常见的以太网有以下几种。

- 10BASE-5 粗缆以太网:最初的以太网是用同轴电缆实现的,此类局域网被冠以 10BASE-5 以太网名称。表示最大距离为 500 米并以 10Mbps 的速度进行基带传输。也就是说超过 500 米就需要有两个网段,两个网段之间用网桥或路由器连接。
- 10BASE-2 细缆以太网:有一种细同轴电缆比粗缆便宜,更易安装。用于局域网称为 10BASE-2 细缆以太网,指速度为 10Mbps,网段长度不超过 200 米。
- 10BASE-T 双绞线以太网:使用最广的是 10BASE-T 双绞线以太网,在 UTP(非屏蔽)双绞线上能达到 10Mbps 的速度,通常每个网段的距离只有 100 米。UTP 是一种经济、实现方便的选择。
- 10BASE-F 光缆以太网:光缆可作为 UTP 的替代,从而能将网段的最大距离增加至 500 米,并能加强传输特性。10BASE-F 标准使用曼彻斯特编码,每个电信号被转换成光信号,无光代表低电平,有光代表高电平。
- 100BASE-T 快速以太网:100BASE-T 是最常用的高速以太网,沿用了 IEEE 802.3 标准的帖格式、大小和差错检测机制,支持那些运行在基于 802.3 标准的以太网上的所有应用和网络软件。因此对于网络管理人员来说,对于网络升级显得相对简单,由于快速以太网相对便宜,所以现在已成为最流行的技术。

常见的局域网类型有客户机/服务器局域网和对等局域网。客户机/服务器局域因其既能实现客户机之间的互访,又能共享服务器资源,所以在计算机数量较多,位置分散、信息传输大的大型局域网中采用。对于计算机数量较少,布置较集中,成本要求低的小型局域网,常采用对等局域网结构。对等局域网组建、使用和维护都很容易、简单。这是它在小范围被广泛采用的原因。当前学校的实习机房、社会上的网吧、机关或公司的办公室均为这种类型的局域网。

对等型网络资源共享方式较为简单,网络中每个用户都可以设置自己共享资源并可以访问网络中其他用户的共享资源,分布较为平均。每个用户都可以设置并管理自己计算机上共享资源并可随意进行增加或删除,还可以为每个共享资源设置只读或完全控制属性以控制其他用户对该共享资源访问权限,若对某共享资源设置了只读属性则该共享资源将无法进行编辑修改;若设置了完全控制属性则访问该共享资源用户可对其进行编辑修改等操作。

2.3   局域网组建与应用

组建对等式星型结构的局域网所需的硬件有:以太网卡(100M 约 30 元,现在大多数微型计算机主板已集成了网卡)、交换机(四口、100M 约 100 元)、两端有 RJ45 插头的双绞线(约 1.5 元/米)。硬件连接非常简单,用双绞线将微型计算机和交换机连接就行了,因 RJ45 插头是有方向的,一般不会插错。当安装好 Windows XP 并安装好网卡驱动程序后,就自动安装了常用的网络组件。当然再进行一些配置,才能形成对等网络。

2.3.1   一般配置

1. 启用 Guest 帐号

在 Windows XP 默认安装后,一般情况下,为了本机系统的安全,Guest 帐户是被禁用的,这样就无法访问该计算机的共享资源,因此必须启用 Guest 帐户。

打开"控制面板/管理工具"窗口后,选择"计算机管理"工具,接着依次展开"计算机管理(本地)"|"系统工具"|"本地用户和组"|"用户"菜单,找到 Guest 帐户。如果 Guest 帐户出现一个红色的叉号,表明该帐户已被停用,右击该帐号,在 Guest 属性对话框中,去除"帐户已停用"的勾选标记,单击"确定"按钮后,就启用了 Guest 帐户。

2. 修改用户访问策略

虽然启用了本机的 Guest 帐号,但还是不能访问本机提供的共享资源,这是因为组策略默认不允许 Guest 帐号从网络访问本机。

单击"开始"菜单,选择"运行"命令,在运行框中输入"gpedit. msc",在组策略窗口中依次展开"本地计算机策略"|"计算机配置"|"Windows 设置"|"安全设置"|"本地策略"|"用户权利指派"菜单,在右栏中找到"拒绝从网络访问这台计算机"项,打开后删除其中的 Guest 帐号,接着打开"从网络访问此计算机"项,在属性窗口中添加 Guest 帐号。这样就能使用 Guest 帐号从网络中访问该机的共享资源了。

3. 正确配置防火墙

如果启用了"windows 防火墙",请在例外标签中选择"文件和打印共享"复选框。

4. 更改主机名称

在局域网中主机须有名称,组网后才能互相访问,在安装 Windows XP 时已给出了默

认名称,更改方法如下:

在桌面上右击"我的电脑"图标,在弹出的快捷菜单中选择"属性"命令,打开"系统属性"对话框,选择"计算机名"标签后再单击"更改"按钮,这时打开"计算机名称更改"对话框如图 2-5 所示。在"计算机名"文本框中输入本台主机的名称"ctec2-1"。工作组取默认值,单击"确定"按钮完成。用同样的方法更改其他主机的名称,以方便识别局域网中的不同主机。

图 2-5　计算机名称更改

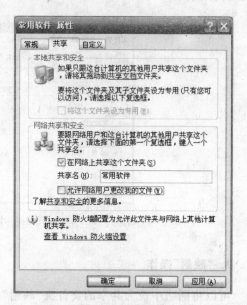

图 2-6　共享属性

2.3.2　局域网的应用

1. 设置共享资源

通过"网上邻居"即可浏览工作组中的计算机和同一局域网内的其他计算机,但要让另一用户共享本机的资源,必须进行共享设置,方法如下。

打开资源管理器,选定要共享的文件夹,右击弹出快捷菜单,选择"共享与安全"命令。出现如图 2-6 所示的对话框。

选中"在网络上共享这个文件夹"复选框。这一访问权限是对方主机用户仅允许其他用户下载或使用该网络文件夹中现有的文件,但不允许增加、修改或删除其中的内容。可以根据自己需要,将对方文件夹的文件复制到本地计算机中,一个简便的方法是:同时打开本地资源管理器窗口,直接将网络文件夹窗口中的内容拖动到本地窗口某个文件夹中。

如果允许其他网络用户修改文件夹中的文件,还要选中"允许网络用户更改我的文件"复选框。这一访问权限可以像使用本地文件夹一样,对该文件夹中现有的文件进行编辑、删除或创建文件夹和上传文件操作。

单击"确定"按钮完成设置。

注:这种共享设置同样适用于对光驱的使用。

2. 访问"网上邻居"

Windows XP 访问局域网络资源和访问本地资源一样简单。在 Windows XP 的桌面上单击"网上邻居"图标，再单击工具栏中的"文件夹"按钮，出现如图 2-7 所示的窗口。展开"整个网络"，选择 workgroup 工作组，即可浏览工作组中的计算机和同一局域网内的全部计算机。

图 2-7　网上邻居

3. "映射"操作

可以将网络中设为共享的文件夹"映射"为本地机的资源，就可以像浏览自己的硬盘一样方便。映射某个共享文件夹的步骤如下：

（1）打开"我的电脑"窗口，在工具菜单中选择"映射到网络驱动器"命令，弹出如图 2-8 所示的"映射网络驱动器"对话框。

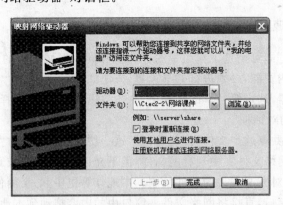

图 2-8　"映射网络驱动器"对话框

（2）在"驱动器"下拉列表框中选择驱动器号。选中"登录时重新连接"复选框，以便每次启动 Windows 时都连接到该网络文件夹，这个连接网络文件夹的驱动器号也称做"虚拟驱动器"。如不经常使用，应清除该复选框，可以加速 Windows 的启动。选择完毕，单击"完成"按钮。

　　要取消一个已映射的网络文件夹,在"我的电脑"或"资源管理器"窗口选中该映射驱动器图标,右击,从快捷菜单中选择"断开"命令即可。

4. 共享打印机

　　在局域网中,只有一台打印机时,可将其共享,其他用户只要添加这个被共享的打印机后,在本机中打印时,就会在这台共享的打印中打印文件。

　　先在连接着打印机的主机中安装打印机,再将其设置成共享,方法同设置共享资源。在局域网中的其他用户要使用这个共享打印机,就要完成以下操作:

　　通过"开始→控制面板→打印机和传真"打开"打印机和传真"窗口。单击"添加打印机"按钮,打开添加打印机向导,在向导中一定要选择"网络打印机或连接到其他计算机的打印机"单选项,如图 2-9 所示。单击"下一步"按钮,显示如图 2-10 所示的向导,选择"浏览打印机"单选项,单击"下一步"按钮,显示如图 2-11 所示的向导,在这个向导中选择共享打印机(如在名为 CTEC2-3 的计算机中共享的 HP LaserJet 1018 打印机),单击"下一步"按钮完成设置。

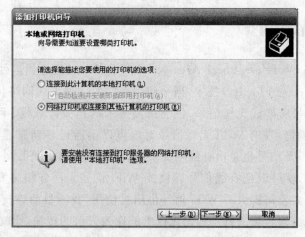

图 2-9　添加打印机向导

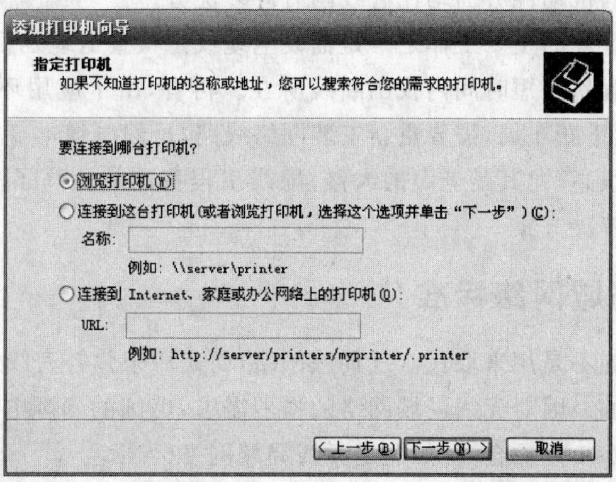

图 2-10　指定打印机

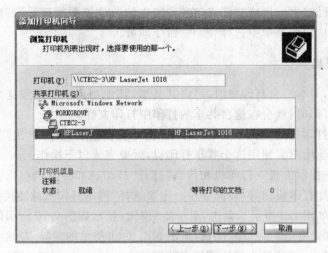

图 2-11　浏览打印机

2.4　无线局域网

无线局域网络（Wireless Local Area Networks，WLAN）是相当便利的数据传输系统，利用 WiFi（Wireless Fidelity）技术，当今使用最广的一种无线网络传输技术。实际上就是把有线网络信号转换成无线信号，供支持其技术的相关计算机、手机、PDA 等接收。手机如果有 WiFi 功能，在有 WiFi 无线信号时就可以不通过移动联通的网络上网，省掉了流量费。但是 WiFi 信号也是由有线网提供的，例如家里的 ADSL、小区宽带之类，只要接一个无线路由器，就可以把有线信号转换成 WiFi 信号。国外很多发达国家的城市到处覆盖着由政府或大公司提供的 WiFi 信号供居民使用，我国目前该技术还没得到推广。一般来讲，所谓无线，顾名思义就是利用无线电波作为资料的传输，而就应用层面来讲，与有线网络的用途完全相似，两者最大的不同在于传输信息的媒介不同。除此之外，无论是在硬件架设或使用的机动性方面均比有线网有许多优势。

对于局域网络管理的主要工作之一是铺设电缆或是检查电缆是否断线这种耗时的工作，令人烦躁，也不容易在短时间内找出断线所在。再者，由于应用环境不断地更新与发展，原有的网络必然重新布局，需要重新安装网络线路，虽然电缆本身并不贵，可是请技术人员来配线的成本很高，尤其是老旧的大楼，配线工程费用就更高了。因此，架设无线局域网络就成为最佳解决方案。

2.4.1　无线局域网络标准

无线局域网络绝不是用来取代有线局域网络，而是用来弥补有线局域网络的不足，以达到网络延伸的目的。因对无线局域网络的强烈需求，美国的国际电子电机学会于 1990 年 11 月召开了 802.11 委员会，开始制定无线局域网络标准。

IEEE 802.11 规范的基本存取方式称为 CSMA/CA（Carrier Sense Multiple Access with Collision Avoidance)，与以太网络所用的 CSMA/CD(Collision Detection)相比，变成了碰撞防止(Collision Avoidance)。因为在无线传输中感测载波及碰撞侦测都是不可靠的，感测载波有困难。另外通常无线电波经天线送出去时，自己是无法监视到的，因此碰撞侦测实质上也做不到。在 802.11 中感测载波是由两种方式来达成，第一是实际去听是否有电波在传，等没有人使用媒体，维持一段时间后，再等待一段随机的时间后依然没有人使用，才送出数据。由于每个设备采用的随机时间不同，所以可以减少冲突的机会。另一个是虚拟的感测载波，先送一段小小的请求传送报文给目标端，等待目标端回应报文后，才开始传送。同时告知大家待会有多久的时间要传东西，以防止碰撞。

无线路由器的生产经过了严格无线管制，其发射功率最大不超过 100 毫瓦，一般在 50 毫瓦左右。远低于手机辐射。不会对身体造成影响。IEEE 802.11 规定的发射功率不可超过 100 毫瓦，实际发射功率约 60～70 毫瓦，这是一个什么样的概念呢？手机的发射功率约 200 毫瓦至 1 瓦间。而且无线网络使用方式并非像手机直接接触人体，两者之间的差别是巨大的。因此无线网络应该是安全的，至少比手机要安全很多。

一般无线网络所能涵盖的范围应视环境的开放与否而定，若不加外接天线而言，在视野所及之处约 250 米，若属半开放性空间，有间隔之区域，则约 35～50 米，当然若加上外接天线，则距离可达更远，此关系到天线本身之增益而定，因此需视客户的需求而加以规划。

AP(Access Point)一般称为无线接入点，作传统的有线局域网络与无线局域网络之桥梁，因而任何一台有无线网卡的 PC 均可通过 AP 去分享有线局域网络甚至广域网络的资源。除此之外，AP 本身又兼有网管的功能，可对有无线网卡的 PC 进行管理。AP 理论上是可以支持到一个 C 类地址，但为了让工作站本身有更多的频宽可利用，一般建议一台 AP 约支持 20～30 之工作站为最佳。

每个无线网卡上都有一个独一无二的硬件地址，即 MAC address，经由 Access Control table 可定义某些卡可登入此 AP，某些卡被拒绝登入，如此便能达到控管的机制，可避免非相关人员随意登入网络，窃取资源。如 WEP(Wired Equivalent Protection)，一种将资料加密的处理方式，WEP 40bits 的 encryption 乃是 IEEE 802.11 的标准规范。透过 WEP 的处理便可让资料于传输中更加安全。

无线局域网能方便地应用于以下几个方面。

- 家庭办公室：可在任一位置上网。不用担心某个房间没有网线。
- 大楼之间：大楼之间建构网络的连结，取代专线，既简单又便宜。
- 餐饮及零售：餐饮服务业可使用无线局域网络产品，直接从餐桌即可输入并传送客人点菜内容至厨房、柜台。零售商促销时，可使用无线局域网络产品设置临时收银柜台。
- 医疗：使用附无线局域网络产品的手提式计算机取得实时信息，医护人员可借此避免对伤患救治的迟延、不必要的纸上作业、单据循环的迟延及误诊等，而提升对伤患照顾的品质。
- 企业：当企业内的员工使用无线局域网络产品时，不管在办公室的任何一个角落，有无线局域网络产品，就能随意地发电子邮件、分享档案及上网浏览。

- 仓储管理：一般仓储人员的盘点事宜，透过无线网络的应用，能立即将最新的资料输入计算机仓储系统。
- 监视系统：一般位于远方且需受监控现场之场所，由于布线之困难，可借由无线网络将远方之影像传回主控站。
- 展示会场：诸如一般的电子展、计算机展，由于网络需求极高，而且布线又会让会场显得凌乱，因此若能使用无线网络，则是再好不过的选择。

2.4.2　无线局域网实例

通过下面的实例，熟练掌握无线路由器的设置。熟练掌握建立一个家庭（办公室）中的无线局域网，并且实现多台计算机共用一个 IP 上网。所需要的硬件是 TP-LINK 无线路由器、USB 无线网卡、两条有 RJ45 头的网线、两台计算机。组建过程如下：

（1）硬件连接。图 2-12 给出了 TP-LINK 路由器的基本硬件连接示例，建立家庭无线局域网时依据需要配置使用的计算机多少，本实例用两台计算机，一台用有线连接；另一台用 USB 无线网卡进行无线连接。如果使用的是宽带上网，直接将网线接入 WAN（广域网）口，不需要再经过 ADSL 调制解调器。

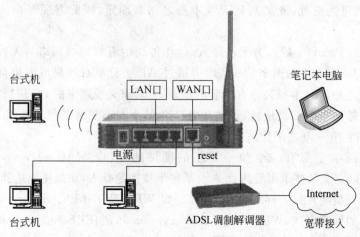

图 2-12　无线路由器的基本硬件连接图

（2）设置计算机。TP-LINK 路由器允许有线和无线连接，第一次配置最好使用有线连接，将计算机和路由器用网线连接后，首先找到桌面上的"网上邻居"图标，右击后在快捷菜单中选择"属性"命令，打开"网络连接"窗口，右击"本地连接"图标，在快捷菜单中选择"属性"命令，打开"本地连接属性"对话框，然后双击"Internet 协议（TCP/IP）"项，打开"Internet 协议（TCP/IP）属性"对话框，如图 2-13 所示。在这个对话框中进行如下设置。

IP 地址：192.168.1.X（2≤X≤254）

子网掩码：255.255.255.0

默认网关：192.168.1.1

DNS 服务器地址请咨询网络服务提供商。

（3）参数设置。打开 IE 浏览器，在地址栏输入 http://192.168.1.1 后将弹出如

图 2-14 所示的对话框,输入默认的用户名和密码:admin/admin。

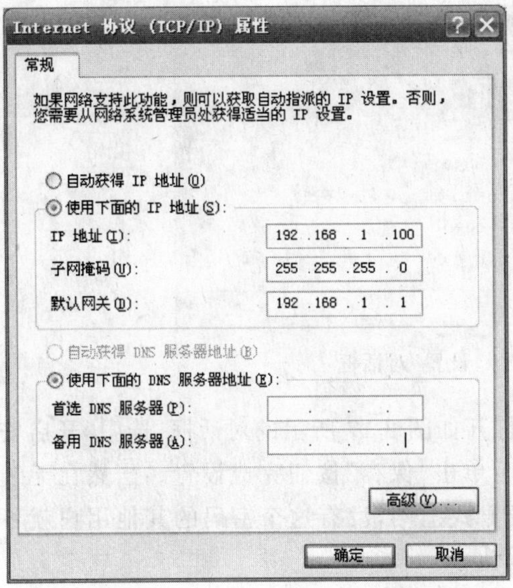

图 2-13 Internet 协议(TCP/IP)属性

图 2-14 连接到 192.168.1.1 对话框

注意:不同的路由器可能默认的用户名和密码不一样,请注意查看用户手册。

单击"确定"按钮后,将进入设备的设置界面,如图 2-15 所示。下面以固定 IP 为例,完成设置。

图 2-15 连接到 192.168.1.1 对话框

① 选择"网络参数"|"WAN 口"命令,打开如图 2-16 所示的对话框,输入从网络服务提供商获取的固定 IP 地址和其他参数,单击"保存"按钮完成设置。这时就可以通过路由

器进入 Internet 了。

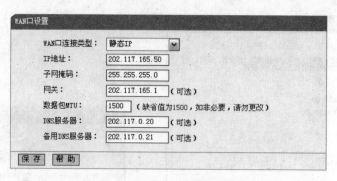

图 2-16　"WAN 口设置"对话框

② 选择"无线参数"|"基本设置"命令,打开如图 2-17 所示的对话框,选中"开启安全设置"复选框后,其他设置如对话框所示,最后单击"保存"按钮完成设置。当然在无线网卡中也须进行相应的设置才能顺利通过无线方式上网,没有这个密码的其他用户就不能通过该路由器上网,这就保护了该局域网安全。

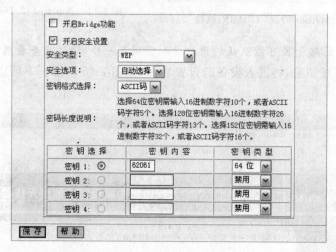

图 2-17　安全设置对话框

（4）USB 无线网卡安装。将 USB 无线网卡插入计算机的 USB 接口,Windows XP 会自动检测到这个设备,弹出找到新的硬件向导如图 2-18 所示。这时请将驱动程序光盘放入光盘驱动器,选取"自动安装软件"单选按钮,单击"下一步"按钮,按提示即可完成驱动程序的安装。

（5）客户端应用程序的安装与设置。打开驱动程序光盘,进入和 USB 无线网卡相同型号的文件夹,执行 setup 程序,完成客户端应用程序的安装。同时在桌面出现一个应用程序图标,双击这个图标,打开设置对话框如图 2-19 所示。单击"更多的设置"按钮,打开更多设置对话框如图 2-20 所示。在这个对话框中选择网络连接加密为：启用 WEP 加密。在"WEP 加密密钥设置"中设置同路由器中的设置,关闭设置对话框,这时就可以无线上网了。

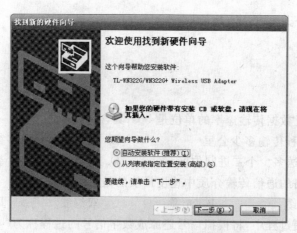

图 2-18　找到新的硬件向导

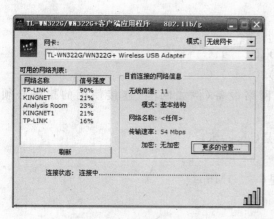

图 2-19　设置对话框

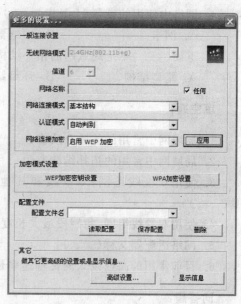

图 2-20　启用 WEP 加密设置

　　TCP/IP 协议设置包括 IP 地址、子网掩码、网关以及 DNS 服务器等。为局域网中所有的计算机正确配置 TCP/IP 协议并不是一件容易的事,幸运的是,DHCP 服务器提供了这种功能。启用 DHCP 服务后,会自动配置局域网中各计算机的 TCP/IP 协议。

本章小结

　　本章首先给出了局域网的特点,拓扑结构及组成。介绍了局域网体系结构 IEEE 802参考模型,重点介绍了以太网组网中的相关知识和它的发展与应用。最后介绍了无线局域网优势和应用实例。

习题

选择题：

1. 衡量网络上数据传输速率的单位是 bps，其含义是（　　　）。
   A. 信号每秒传输多少公里　　　　　　B. 信号每秒传输多少千公里
   C. 每秒传送多少个二进制位　　　　　D. 每秒传送多少个数据

2. 计算机网络的通信传输介质中速度最快的是（　　　）。
   A. 同轴电缆　　　　B. 光缆　　　　C. 双绞线　　　　D. 铜质电缆

3. 在数据通信过程中，将模拟信号还原成数字信号的过程称为（　　　）。
   A. 调制　　　　B. 解调　　　　C. 流量控制　　　　D. 差错控制

4. 网络中使用的设备 Hub 指（　　　）。
   A. 网卡　　　　B. 中继器　　　　C. 集线器　　　　D. 电缆线

5. 下面（　　　）不是局域网的拓扑结构。
   A. 星型结构　　　　B. 环型结构　　　　C. 总线型结构　　　　D. 网型结构

填空题：

1. 局域网中常用的传输介质有（　　）、（　　）、（　　）。
2. 局域网中常用的拓扑结构有（　　）、（　　）、（　　）、（　　）。
3. 使用双绞线组网，双绞线和其他网络设备（例如网卡）连接使用的接头必须是（　　）。
4. 使用双绞线组网，每网段最大长度是（　　）米。
5. 网络适配器又称（　　）。
6. 目前常用的高速以太网传输速率是（　　）Mbps。

问答题：

1. 简述局域网的特点。
2. 组建办公室局域网，将选用哪种拓扑，为什么？
3. 组建办公室局域网，将选用哪些硬件和软件？
4. 试比较几种有线传输介质的传输特性和使用范围。
5. 简述模拟信号和数字信号的差异。
6. 不启用安全设置会有什么后果？
7. 不启用 DHCP 服务，局域网中各计算机的 TCP/IP 协议如何设置？

第3章

Internet 的应用

Internet 即时通信,给人与人之间的交流带来了极大的方便。在这里,没有时间和空间的限制,地理上相距遥远的人们可以跨时区通信,无须谋面。

电视广播已经有几十年了,现在所看到的大部分内容都是经过挑选、剪接而成的。Internet 的通信与电视截然不同。在电视报道中,观众看到的内容取决于电视台,但在 Internet 上用户就成了记者、制作人、观众,可以通过它与同事、朋友,甚至是素不相识的人交流、工作。不管是大公司总裁、普通的工人、在校学生还是教授,Internet 都以同样的方式处理和表现用户的信息。

3.1 万维网 WWW

万维网 WWW 是 World Wide Web 的简称,也称为 Web、3W 等。WWW 使用超文本(Hypertext)组织、查找和表示信息,利用超链接从一个站点到另一个站点。这样就彻底摆脱了以前查询工具只能按特定路径一步步地查找信息的限制。由于万维网的出现,使 Internet 从仅有少数计算机专家使用的变为普通百姓也能利用的信息资源,是 Internet 发展中的一个非常重要的里程碑。

3.1.1 WWW 组成

WWW 由 3 部分组成:浏览器(Browser)、Web 服务器(Web Server)和 HTTP 协议。浏览器向 Web 服务器发出请求,Web 服务器向浏览器返回所要的万维网文档,然后浏览器解释该文档并按照一定的格式将其显示在屏幕上。浏览器与 Web 服务器使用 HTTP 协议(超文本传输协议)进行互相通信,如图 3-1 所示。下面介绍 WWW 应用中的重要概念。

1. 超文本标记语言

要使 Internet 上的计算机都能显示任何一个万维网服务器的网页,就必须解决网页制作的标准化问题。超文本标记语言 HTML(HyperText Markup Language)就是一种制作万维网网页的标准语言。它的特点是标记代码简

图 3-1　WWW 组成

单明了,功能强大,可以定义显示格式、标题、字型、表格、窗口等;可以和 WWW 上任一信息资源建立超文本链接;HTML 的代码文件是纯文本文件(即 ASCII 码文件),通常以.html或.htm 为文件后缀。在第 5 章将对 HTML 作进一步介绍。

2. 超文本传输协议(HTTP)

网页文件由超文本标记语言(HTML)格式写成,这种语言是欧洲粒子物理实验室(CERN)提出的 WWW 描述性语言。WWW 文本不仅含有文本和图像,还含有作为超链接的词、词组、句子、图像、图标。这些超链接通过颜色和字体的改变与普通文本区别开来,含有指向其他 Internet 信息的 URL 地址。将鼠标移到超链接上,单击,Web 就根据超链接所指向的 URL 地址跳到不同站点、不同文件。链接同样可以指向声音、电影等多媒体。超文本与多媒体一起形成超媒体(Hypermedia),因而万维网是一个分布式的超媒体系统,为了指定用户所要求的万维网文档,浏览器发出的请求采用 URL 形式描述。

3. 统一资源定位符 URL

统一资源定位符(Uniform Resource Locator,URL)是 WWW 中用来寻找资源地址的手段。URL 的思想是为了使所有的信息资源都能得到有效利用,从而将分散的孤立信息点连接起来,实现资源的统一寻址。这里的"资源"是指在 Internet 可以被访问的任何对象,包括文件、文件目录、文档、图像、声音、视频等。URL 形式由协议、主机名和端口、文件路径 3 部分组成。其中对于常用服务端口可以省略。

<协议>://<主机>:<端口>/<路径>

例如西安交通大学主页的 URL 表示 http://www.xjtu.edu.cn/index.html;FTP 的 URL 表示 ftp://ftp.xjtu.edu.cn。

- Internet 协议名称:指出用来访问的工具。如"http://"表示 WWW 服务器,"ftp://"表示 FTP 服务器,"gopher://"表示 Gopher 服务器,如果是使用 IE 浏览器,http://可以省略。
- 主机地址(host):或者叫站点地址,是将要访问的 WWW 页面所在的主机(服务器)域名,如"www.xjtu.edu.cn"。当然也可以用 IP 地址。
- 路径(path):指明服务器上某页面文件的位置,其格式与 DOS 系统中的格式一样,通常有目录/子目录/文件名这样的形式,所不同的是斜杠采用除号形式。与端口一样,路径也是可选项。
- 端口:是 TCP/IP 协议中定义的服务端口号,常见的主机提供服务的标准端口号是 80——Web,21——Ftp,23——Telnet。

例如下面的两种 URL 地址是指向同一位置:

http://www.263.net:80/index.html 和 www.263.net

3.1.2 WWW 应用

简单地说,WWW 应用就是浏览器的应用。人们上 Internet,有一半以上的时间都是在与各种网页打交道。网页上可以显示文字、图片,还可以播放声音和动画,是 Internet

上目前最流行的信息发布方式。许多公司、报社、政府部门和个人都在 Internet 上建立了
自己的网站,以便让全世界了解自己。

访问网页,要用专门的浏览器软件。常用的浏览器有微软公司的 Internet Explorer
(简称 IE)和 Firefox、遨游、世界之窗等。它们的使用方法大同小异,下面以中文版 IE 为
例,介绍网页浏览。

运行 IE 6 浏览器后,在地址栏输入网址 http://www.ibm.com(如图 3-2 所示)。然
后按 Enter 键,就来到了远在地球另一端的美国 IBM 公司主页。输入网址 http://www.
xjtu.edu.cn,然后再按 Enter 键,又来到了西安交通大学的网页(如图 3-3 所示)。学会浏
览网页,就能接触到 Internet 的大部分信息。

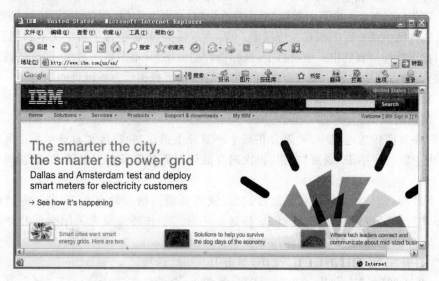

图 3-2　美国 IBM 主页

图 3-3　西安交通大学主页

1. IE 窗口组成

IE 窗口各组成部分如图 3-3 所示。

- Web 页标题栏。
- 菜单栏：提供"文件"、"编辑"、"查看"、"收藏"、"工具"、"帮助"6 个菜单项。实现对 WWW 文档的保存、复制、设置属性等多种功能。
- 工具栏：常用菜单命令的功能按钮。
- 地址栏：显示当前页的标准化 URL 地址。要访问其他站点，输入该站点的网址，并按 Enter 键确认即可。
- 工作区：在交大主页上看到"交大概况"、"院系设置"、"组织结构"等超链接分类项，工作区中部是近期的超级链接项，也称为超链接，其中包含了名字文本和网页地址。把鼠标移动到其中一个项目上，鼠标指针变为手形，单击该项名称，即可链接到该网页，浏览其中内容。在一个页面上可以含有世界任何地方的网页的超链接。
- 状态栏：显示当前操作的状态信息。
- 快速链接项。

有时在页面传送过程中，可能会在某个环节发生错误，导致该页面显示不正确或下载过程发生中断。可单击"刷新"按钮，再次向存放该页面的服务器发出请求，重新浏览该页面的内容。

当下载网页时，如果网络传输速度过慢，或者页面的信息量很大，为避免等待时间过长，可单击"停止"按钮或按 Esc 键停止传送。还有一个技巧是设置关闭图形和动画选项以加快 Web 页的浏览速度。操作过程如下：

（1）打开在 IE 窗口的"工具"菜单，单击 Internet 选项。

（2）单击"高级"选项卡，在"多媒体"分类项下，取消选中"显示图片"、"播放网页中的动画"、"播放网页中的视频"和"播放网页中的声音"等复选框，如图 3-4 所示。

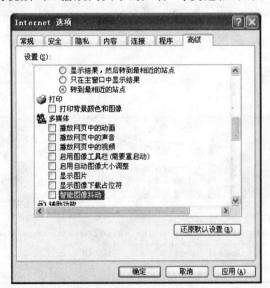

图 3-4　设置多媒体选项组

（3）完成设置后，单击工具栏上的"刷新"按钮，会发现页面下载速度明显加快，但取消了图片、声音、动画等信息，当然，也失去了许多浏览网页的乐趣。

2. 如何使用 IE 快速查看信息

要提高浏览速度，尽快获得所需要的信息，除了 3.1.1 节提到的去掉多媒体选项以外，还有其他应用方法，以下简单介绍加快浏览的方法。

（1）设置起始页面地址，可以把经常光顾的页面设为每次浏览器启动时自动连接的网址：单击"工具"菜单的"Internet 选项"，打开"Internet 选项"对话框，选中"常规"选项卡；在主页分类选项中的地址文本栏中输入选定的网址，如图 3-5 所示。指定起始页地址为 http://www.xjtu.edu.cn/。

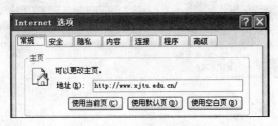

图 3-5　指定启动时的主页

（2）把网址添加到收藏夹，感兴趣的站点，不必费心记住它的域名，只要在访问该页时，单击"收藏"菜单，选择"添加到收藏夹"选项；待下次连接 Internet 以后，单击"收藏"按钮打开收藏夹，就可以在收藏夹中查找自己要访问的站点名字。如访问榕树下全球中文原创作品网"http://www.rongshuxia.com"，页面载入后，将其添加到收藏夹。待下一次连接，进入主页后，单击"收藏"菜单，在收藏夹中选择"榕树下"，即进入该主页，如图 3-6 和图 3-7 所示。

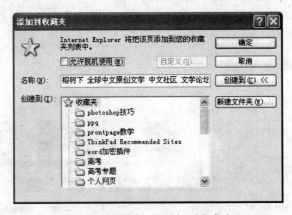

图 3-6　把"榕树下"添加到收藏夹

（3）利用历史记录栏浏览，通过查询历史记录也可找到曾经访问过的网页。输入过的 URL 地址将被保存在历史列表中，历史记录中存储了已经打开过的 Web 页的详细资料。借助历史记录，用按日期或按站点等查看方法，就可以快速找到以前访问过的网页。

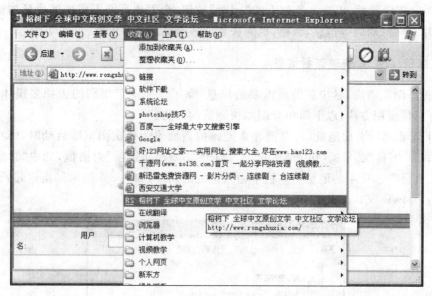

图 3-7　从"收藏夹"中查找网页

操作如下：

① 在工具栏上，单击"历史"按钮，窗口左边出现历史记录栏，其中列出用户最近几天或几星期内访问过的网页和站点的链接。

② 单击"查看"按钮旁的下拉箭头，弹出一个下拉式菜单，其中有 4 个选项，可以选择按日期、站点、访问次数和今天的访问顺序来查找所需要的站点或网页。

③ 单击选中的网页图标，打开该网页，如图 3-8 所示。

图 3-8　利用历史记录查找网页

（4）保存网页文件，可以使用"文件"菜单中的"另存为"选项将当前页信息保存在本

地磁盘上。单击这个选项后,弹出"保存 Web 页"对话框,单击"保存类型"下拉式列表框,有 4 种保存类型可供选择:

- "Web页,全部":保存页面 HTML 文件和所有超文本(如图像、动画、图片等)信息。
- "Web 档案,单一文件":把当前页的全部信息保存在一个扩展名为 mht 的文件中。
- "Web 页,仅 HTML":只保存页面的文字内容,保存为一个扩展名为 html 的文件。
- "文本文件":将页面的文字内容保存为一个文本文件。

若要保存网页某个位置的图片,应把鼠标指向该图片,右击,在下拉式菜单中单击"图片另存为"选项,弹出"保存"对话框,选择路径和保存类型,可以把图片存为位图文件、JPEG 或 GIF 文件。

3. IE 插件

插件是一种程序。主要是用来扩展软件功能,很多软件都有插件,有些由软件公司自己开发,有些则是第三方或软件用户个人开发。IE 插件安装后就成为浏览器的一部分,浏览器一般能够直接调用插件程序。对于每天都在使用 IE 浏览器的用户,一定要关注这些形形色色的第三方插件,这些插件安装后不仅可以大大提高浏览器的工作效率,同时增强了浏览器处理不同 Web 文件的能力。而且可以完成某些特异功能,让 IE 焕发出强大的生命力。

下面简单介绍 IE 浏览器常见的几个插件。

1) Flash 插件

随着网络速度与品质的提升,越来越多的网站开始使用 Flash 来表达网站的内容,以 Flash 强大的动画与向量画效果来弥补一般动画与 HTML 指令的不足。宽频网络已渐渐进入人们的生活,Flash 视频、动画将会变得更普及。

想要一窥 Flash 强大的视频、动画效果,Flash 插件安装是必不可少的。当今提供 Flash 插件下载的网站很容易在百度上找到,下载安装完 Flash 插件后,就可以正常浏览完整显示带有 Flash 的网页了,将提供观看 Flash 特效的可能。

2) RealPlayer 插件

RealPlayer 插件支持播放更多更全的在线媒体视频,包括 MEPG、FLV、MOV 等格式。所以 RealPlayer 几乎囊括了所有主流播放格式。它是一个集成的多媒体播放器,在 Web 上享受更广泛的多媒体体验,显示和播放多媒体内容,包括交互性的游戏、实况音乐会和广播。

3) 百度工具栏插件

百度工具栏是一款免费的浏览器工具栏插件,安装后无须登录百度网站即可体验百度搜索的强大功能,搜网页、搜歌曲、搜图片、搜新闻、搜视频,无所不能。

另外,利用百度工具栏的自定义搜索功能,还可以实现对其他网站的搜索。搜索框内嵌风云榜,热门关键字随时掌握;支持百度帐号自动登录,完美整合百度空间、百科和搜藏功能;随意定制个性化首页。

同时百度工具栏还拥有 IE 首页保护、广告拦截、上网伴侣等多种功能,访问任何网页时均可享受百度工具栏带来的便利,带来完美的上网体验。

下载安装百度工具栏插件后,打开 IE 浏览器如图 3-9 所示。在地址栏的下面显示百度工具栏,右击常用工具栏,在快捷菜单中可取消这个工具栏的显示。

图 3-9　安装百度工具栏插件后的浏览器

4) 网页翻译插件

如果经常访问国外网站,那么这些插件将可以帮助对所选择的单词、段落或网页进行翻译。Google 工具栏新增了高级网页翻译功能,并支持多国语言的翻译,使用非常方便。

下载安装 Google 工具栏插件后,打开 IE 浏览器如图 3-10 所示。在地址栏的下面显示 Google 工具栏,在工具栏中有一个翻译按钮,单击按钮右边向下的小三角,可选择"字词翻译器"。当不选择时为网页翻译。

图 3-10　安装 Google 工具栏插件后的浏览器

单击"翻译"按钮后,在 Google 工具栏的下面出现如图 3-11 所示的翻译提示栏,这时可在语言栏里选择不同国家。

图 3-11　Google 翻译提示栏

5) ActiveX 插件

ActiveX 插件也叫做 OLE 控件,ActiveX 插件是当用户浏览到特定的网页时,IE 浏览器即可自动下载并提示用户安装,ActiveX 插件安装的前提示必须先下载,然后经过认证,最终用户确认同意方能安装。

因为插件程序由不同的发行商发行，其技术水平也良莠不齐，插件程序很可能与其他运行中的程序发生冲突，从而导致诸如各种页面错误，运行时间错误等现象，阻塞了正常浏览。还有一些恶意插件，监视用户的上网行为，并把所记录的数据报告给插件程序的创建者，以达到盗取游戏或银行帐号密码等非法目的。所以下载安装插件时，一定选择可信度高的软件公司和一些著名的网站。

3.1.3 Firefox 浏览器的应用

除了微软在 Windows 中提供的 IE 之外，网上还流行着许多其他浏览器，Firefox 就是其中之一。这些软件均可在网上自由下载。假如已下载了 Firefox 的安装软件包：Firefox_Plus_Setup_3.6.10.exe，就可以在主机中安装 Firefox 浏览器。

（1）浏览器的安装。双击安装软件包文件图标，将显示安装向导窗口，只要单击"下一步"按钮并接受"许可协议"按向导提示就能顺利完成安装，如图 3-12 所示。

图 3-12 Firefox 浏览器窗口

Firefox 有一套完整的帮助系统。要获得 Firefox 使用帮助，只需单击 Firefox 顶部的"帮助"菜单，然后选择"帮助内容"即可。

（2）设置浏览器的主页。单击 Firefox 的"工具"菜单，选择"选项"命令后弹出一对话框，如图 3-13 所示，在启动 Firefox 时后面的文本框中选取"显示我的主页"；在主页文本框中输入主页网址，单击"确定"按钮完成设置。

（3）设置标签式浏览。标签式浏览可以极大地节省时间。单击 Firefox 的"工具"菜单，选择"选项"命令后弹出一对话框，如图 3-13 所示。然后单击"标签式浏览"按钮，在新页面选择"新标签页"选项。

（4）选择搜索引擎。在网上获取信息更容易，只需在右上角的搜索框中输入搜索字段，便可以通过选择的默认引擎获得搜索结果，当然还可以在搜索框中通过选取随时更改

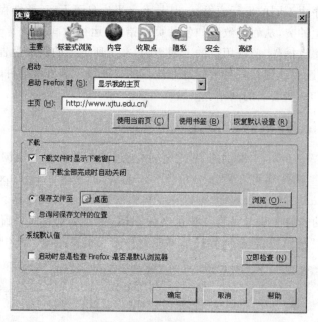

图 3-13　"选项"对话框

默认引擎。在这里提供了百度、谷歌、雅虎等搜索引擎。

3.2　文件传输 FTP

　　文件传输,通常指文件下载和上传,是一般用户对网络的基本应用要求。下载,就是把 Internet 或其他远程机上的文件复制到用户的计算机上;上传,用户把自己计算机中的文件传送到远程服务器或客户机上。实际上,上网浏览就是一个文件下载的过程,不过这个过程是由浏览器来完成的。

3.2.1　FTP 的工作原理

　　由于 Internet 是庞大而复杂的计算机环境,其中机种有 PC、工作站(这里指一种小型计算机,不是在名称上和服务器相对应的工作站)、苹果机和大型计算机,各类计算机运行的操作系统不尽相同,而且各种操作系统的文件结构各不相同,要在这些机种和操作系统各异的环境之间进行文件传输,就需要建立一个统一的文件传输协议,这就是 FTP。FTP(File Transfer Protocol)是 Internet 文件传输的基础,也是 TCP/IP 协议集里最为广泛的应用。

　　FTP 是基于客户机/服务器模型设计的,客户和服务器之间利用 TCP 建立连接。提供 FTP 服务的计算机称为 FTP 服务器。要连接到 FTP 服务器,首先要知道已连接在 Internet 中的 FTP 服务器的名称或 IP 地址,一般先要登录,验证用户的帐号和口令,确认后连接才得以建立。但有些 FTP 服务器允许匿名登录。出于安全的考虑,FTP 服务器的管理者通常只允许匿名登录的用户从 FTP 主机下载文件,而不允许用户上传文件。

3.2.2　FTP 的应用

常用的 FTP 客户端程序有 3 种类型：浏览器、FTP 下载工具和 FTP 命令行方式。FTP 命令行方式是需要进入 MS-DOS 窗口的，包括 50 多条命令，对初学者来说使用比较难。

1. 通过 IE 6 上传和下载

IE 浏览器不但支持 HTTP 超媒体协议，而且也支持 FTP 文件传输协议。界面友好，操作方便，对于远程服务器上的文件操作，如同使用当前主机上的一个驱动器一样。下面分别介绍如何登录到清华大学的匿名 FTP 服务器和实名登录到一个上传和下载作业的 FTP 服务器，操作步骤如下：

（1）先打开 IE 浏览器，在地址栏输入"ftp://ftp.tsinghua.edu.cn/"，按 Enter 键，登录成功后，如图 3-14 所示。这是清华大学的匿名 FTP 服务器，只允许下载。双击"相应法规"文件夹后，再选中要下载的文件，如图 3-15 所示。用快捷菜单完成复制（或按 Ctrl＋C 键）。

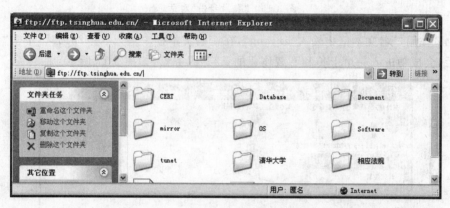

图 3-14　用 IE 登录 FTP 服务器

图 3-15　选中要下载的文件

（2）选择当前主机中的 D 盘，并打开要保存下载文件的文件夹，用快捷菜单完成粘贴（或按 Ctrl＋V 键），在下载时如果文件较大时，将显示一下载对话框，提醒剩余的时间。

（3）如果要实名登录，需要得到在 FTP 服务器上的用户名和密码（这要由 FTP 服务器管理员建立），可获得一定的权限，如上传等。如在地址栏输入"ftp://202.117.165.36"，按 Enter 键后，将弹出一个"登录身份"对话框，如图 3-16 所示。

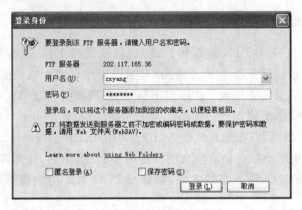

图 3-16 "登录身份"对话框

（4）在用户名文本框中输入"zxyang"，在密码文本框中输入"09223156"，单击"登录"按钮后，会成功进入一个上传和下载作业的 FTP 服务器，如图 3-17 所示。

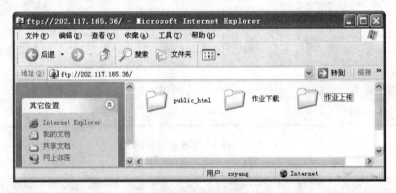

图 3-17 作业 FTP 服务器

（5）在本地主机中选取要上传的作业文件并完成复制，再右击 FTP 服务器中的"作业上传"文件夹，在快捷菜单中单击"粘贴"命令，完成作业上传。

使用浏览器从 FTP 服务器下载文件时，如果在下载过程中网络链接意外中断，下载文件操作将前功尽弃。FTP 下载工具解决了这个问题，通过断点续传功能能可以继续剩余部分的传输，能方便地上传文件夹树。目前常用的 FTP 下载工具主要有 CuteFTP、leapFTP、WS_FTP 等。

2. 用 CuteFTP 上传和下载

用 CuteFTP 上传和下载文件时，能够设置多个帐户。这里假定已经安装了

CuteFTP(或下载了不用安装的绿色 CuteFTP),建立清华大学的链接和上传下载作业的
FTP 服务器的链接,操作步骤如下:

(1) 双击桌面图标，CuteFTP 软件启动成功后,如图 3-18 所示。

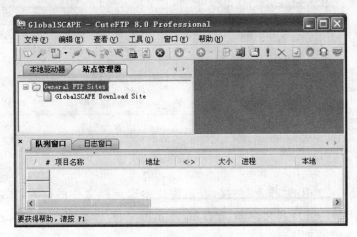

图 3-18 CuteFTP 窗口

(2) 单击工具栏上的"新建"按钮，弹出站点属性对话框,在标签文本框中输入"清华大学",在地址主机文本框中输入"ftp.tsinghua.edu.cn"。在登录方式中选中"匿名",如图 3-19 所示。单击"确定"按钮完成链接的建立。

(3) 重复上一步操作,在标签文本框中输入"作业",在地址主机文本框中输入"202.117.165.36",在用户名文本框中输入"zxyang",在密码文本框中输入"09223156",单击"确定"按钮完成"作业"的连接,如图 3-20 所示。

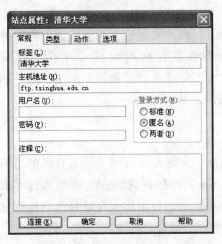

图 3-19 设置匿名登录服务器

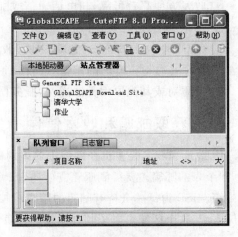

图 3-20 新建的两个连接

(4) 单击图 3-20 中的"清华大学"链接,在 CuteFTP 软件窗口的右边将显示当前的连接状态,左边显示当前主机的本地驱动器,如图 3-21 所示。双击"相应法规"文件夹后,再选中要下载的文件,单击"文件"菜单中的"下载"命令(或用鼠标左键将文件拖向左边的窗

口）。即可将选中的文件下载到当前主机的 C 盘根目下（若要下载至当前主机的其他文件夹，在下载前先确定路径）。

图 3-21　链接到清华大学

（5）单击图 3-20 中的"作业"链接，在右窗口中选定存文件的位置，在左窗口中选取当前主机中要上传的文件或文件夹，右击，在弹出的菜单中选择"上传"命令（或用鼠标左键将文件拖向上传的文件夹）。

3.3　电子邮件

"电子邮件"（E-mail），是 Internet 上最为广泛的应用之一。具有以下几个特点：

- 发送速度快，给国外发信，只需要若干秒或几分钟。
- 信息多样化，电子邮件发送的信件内容除普通文字内容外，还可以是软件、数据、录音、动画、视频文件等各类多媒体信息。
- 收发方便高效可靠，与电话通信或邮政信件发送不同，发件人可以在任意时间、任意地点通过发送服务器（SMTP）发送 E-mail，收件人通过当地的接收邮件服务器（POP3）收取邮件。也就是说，收件人不管在任何时候打开计算机登录到 Internet，检查自己的邮箱，接收服务器就会把邮件送到邮箱。如果电子邮件因地址不对或其他原因无法递交，服务器会退回发信人。

3.3.1　获取邮箱和收发信件

IP 地址和域名是主机在网络中的识别标志，而个人收发邮件还必须有自己的通信地址，即个人的邮箱。要得到邮箱需要向 ISP（Internet 网络服务商）申请一个收费邮箱或免费邮箱。ISP 为每一个持有邮箱的用户在邮件服务器上划分出用于存放往来信件的磁盘存储区域，这个区域由电子邮件系统软件负责管理。

1. 申请邮箱

最简单的方法莫过于在 Internet 上申请免费邮箱了。163、新浪等网站都提供免费电子邮件服务。下面以在新浪网站申请邮箱为例，过程如下：

（1）连接 Internet，在地址栏输入网易的网址 www.163.com。

（2）单击"免费邮箱"的链接按钮，如图 3-22 所示。

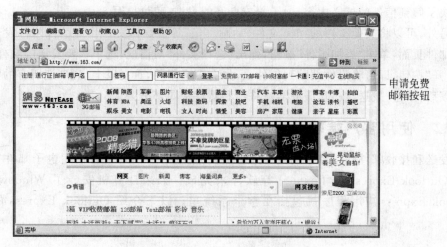

申请免费
邮箱按钮

图 3-22 在 163 网站申请免费邮箱

（3）根据提示输入用户名和密码，输入用户名和密码后，163 将要求输入一些个人资料，以便忘记密码后可以重新登记。

电子邮箱申请成功以后，就有了一个电子邮箱地址，如 zxyang1957@mail.163.com，这个地址分两部分，@符号前面是用户名，后面是收取邮件地址。以后，只要登录 163 就可以收信了。当然，要发信给别人，也必须知道对方的电子邮箱地址。

2. 发送邮件

先登录 mail.163.com 主页，输入用户名和密码，单击"写信"按钮，进入 163 发送邮件页面，如图 3-23 所示。

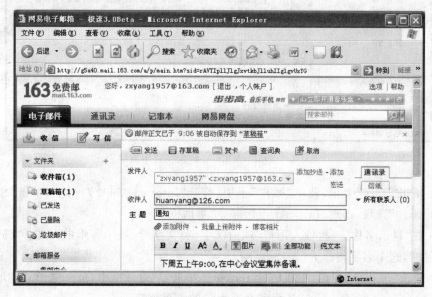

图 3-23 163"发邮件"页面

在"收件人"一栏里输入收信人的地址 huangyang@126.com ,"主题"一栏是让收信人尽快了解到信件的核心内容,为了养成良好的习惯,建议填写。

另外,可以将其他文档如.doc 文件、动画、声音等多媒体文件作为信件附件发送。在发送邮件页面,单击"添加附件"按钮,弹出"选择文件"对话框,选中所要发送的文件后,单击"打开"按钮,即可将附件粘贴到信件上;如有多个附件,重复以上步骤,把所有的附件粘贴完以后,单击"发送"按钮,服务器就将信和附件一同寄出去了。

3.3.2 使用客户端软件

发送和接收邮件除了登录到电子邮箱页面来完成以外,还经常使用电子邮件客户端软件 Outlook Express 或 Foxmail 等软件来完成。如果计算机安装了 Windows XP,Outlook Express 应用程序就包括在整个系统里。以下介绍 Outlook Express 的基本应用。

1. 设置帐号

有了邮箱地址,先要在 Outlook Express 中设置发送和接收服务,具体步骤如下:

(1) 在桌面或任务栏双击 Outlook Express 图标,启动 Outlook Express 程序,如图 3-24 所示。

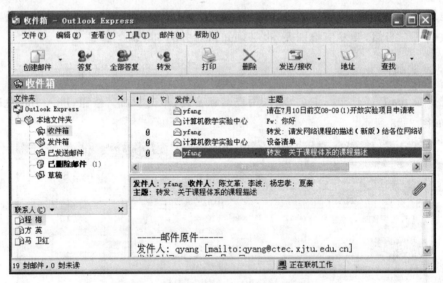

图 3-24 Outlook Express 应用程序窗口

(2) 单击"工具"菜单,选中"帐户"子项,打开"Internet 帐户"对话框;单击"添加"按钮,选择"邮件"选项,出现"Internet 连接向导"对话框。

(3) 在"显示名称"一栏输入用户名(由汉字、英文字母、数字等组成),如:"杨阳",在发送邮件时,这个名字将作为"发件人"项。

(4) 单击"下一步"按钮,在新的"Internet 连接向导"对话框中,输入电子邮件地址,如 xiaozhy@mail.xjtu.edu.cn,这是西安交通大学的一个邮箱。

（5）单击"下一步"按钮。分别输入发送和接收电子邮件服务器名。具体的 POP3 和 SMTP 服务器地址请与网络管理员联系，如图 3-25 所示。

（6）接下来是输入帐户名和密码，帐户名就是用户名，这里输入：xiaozhy。

（7）单击"下一步"按钮，完成设置。在"Internet 帐户"对话框中，选中刚刚设置的帐户后单击"属性"按钮。在弹出的属性对话框中再选择"服务器"标签，在"服务器"标签中，选中"我的服务器要求身份验证"复选框后，单击"确定"按钮完成设置，如图 3-26 所示。

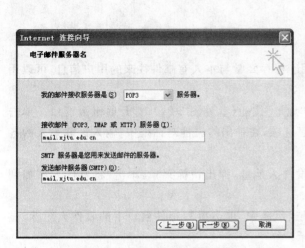

图 3-25　设置电子邮件服务器

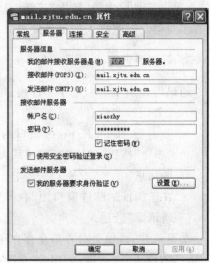

图 3-26　设置服务器

2. 发送邮件

上述设置完成后，先试着给自己发一封信，具体操作步骤如下：

（1）单击 Outlook Express 窗口的"创建邮件"图标，依次输入收件人、抄送、主题等项，在内容栏输入"test"，如图 3-27 所示。

图 3-27　邮件撰写窗口

（2）如果有附件，则单击工具栏中的附件图标，或打开"插入"菜单，选中"附件"子项，浏览本地磁盘或局域网，选择附件文档，单击"附件"按钮，附件文档就会自动粘贴到"附件："项目中。

（3）内容和附件准备就绪，单击"发送"按钮，即刻发送。

（4）打开收件箱阅读完邮件之后，可以直接答复发信人。单击 Outlook 主窗口工具栏中的"答复"按钮（参见图 3-24），即可撰写答复内容并发送出去。如果要将信件转给第三方，单击工具栏中的"转发"按钮，显示转发邮件窗口，此时邮件的标题和内容已经存在，只需填写第三方收件人的地址即可。

3. 管理通讯簿

通讯簿相当于一个电子名片夹，用于保存经常与本人有邮件往来的用户信息，可以用几种方式登记这些信息。

- 单击 Outlook Express 窗口的"地址"按钮（参见图 3-24），打开通讯簿窗口。单击"新建"按钮，选中"新建联系人"选项，在弹出的属性对话框中，输入该联系人的各项信息。
- 在正阅读的邮件窗口中，右击发件人地址，弹出快捷菜单，单击"将发件人添加到通讯簿"选项。

撰写邮件时，如果对方信息存在于通讯簿中，单击撰写邮件窗口中的收件人图标，显示"选择收件人"对话框，如图 3-28 所示。

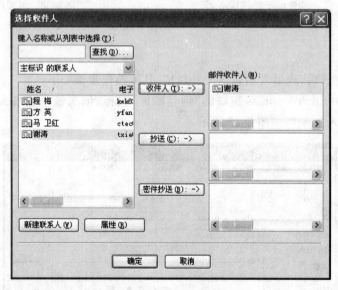

图 3-28　选择收件人

从左边"通讯簿"中查找到收件人地址，单击"收件人："按钮，将其选择到右边的"邮件收件人"的列表框中，如为一信多递，可以连续操作，之后单击"确定"按钮，回到撰写邮件窗口。

4. 管理多个帐号

1) 多帐号发送邮件

设置多个 E-mail 帐号后,在"Internet 帐号"对话框里选中一个 E-mail 帐号后,单击"设置为默认值",该帐号即成为发件人地址。

如果不同的发件人每发一封邮件都要修改默认帐号,那就太烦琐了。好在 Outlook Express 提供了一个简单的办法可以随时使用任何一个帐号发送邮件。如果用户设置了多个帐号,撰写邮件窗口会多出一行"发件人"列表框,其中显示默认帐号,单击右边的下拉箭头,就可以选择其他帐号作为发件人,如图 3-29 所示。

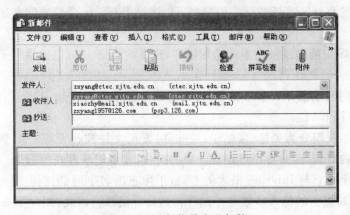

图 3-29 选择帐号发送邮件

2) 多帐号接收邮件

多帐号环境接收邮件时,分全部帐号接收和单帐号接收。全部接收,只要单击图 3-24 窗口工具栏的"发送/接收"按钮即可。单帐号接收,单击"工具"菜单,选中"发送和接收"选项,弹出级联菜单,如图 3-30 所示。从中选择所需要的 E-mail 帐号,即完成指定帐号的接收;或者,单击工具栏中"发送/接收"图标右边的下拉箭头,从弹出的菜单中指定帐号。

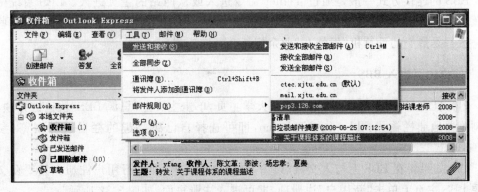

图 3-30 选择单帐号接收

3.4　电子公告板(BBS)

BBS是当代很受欢迎的个人和团体交流手段,如今,BBS已经形成了一种独特的网上文化。网友们把想要表达的思想、观点等交流信息通过BBS传送出去,昭示天下。

3.4.1　什么是BBS

BBS(电子公告板)是Bulletin Board Systems的缩写。BBS实际上也是一种网站,从技术角度讲,电子公告板实际上是在分布式信息处理系统中,在网络的某台计算机中设置的一个公共信息存储区。任何合法用户都可以通过Internet或局域网在这个存储区中存取信息。

早期的BBS仅能提供纯文本的论坛服务,现在的BBS还可以提供电子邮件、FTP、新闻组等服务。

BBS按不同的主题分成多个栏目,栏目的划分是依据大多数BBS使用者的需求、喜好而设立(参见图3-31)。

BBS的使用权限分为浏览、发帖子、发邮件、发送文件和聊天等。几乎任何上网用户都有自由浏览的权利,而只有经过正式注册的用户,才可以享有其他服务。

BBS的交流特点与Internet最大的不同,正像它的名字所描述的,是一个"公告牌",即运行在BBS站点上的绝大多数电子邮件都是公开信件。因此,用户所面对的将是站点上几乎全部的信息。

中国的Internet最早是从高校和科研机构发展起来的,高校普遍组建了校园网,因此,学生、教师也就理所当然地成了BBS的最大的使用群。发展至今,国内著名的BBS站点有水木清华(bbs. tsinghua. edu. cn)、饮水思源(bbs. sjtu. edu. cn)、白云黄鹤(bbs. whnet. edu. cn)等,都能够提供社会综合信息服务,且大多数是免费的。

3.4.2　进入BBS发表文章

BBS的连接方式一般是通过Telnet命令进入或从网站的主页进入。BBS系统由站长负责软件资源的维护、新用户的注册及一些协调工作。各栏目又有(版主)负责,这些版主一般都是热心的计算机"发烧友"业余担任。

1. 由主页进入BBS

(1) 启动IE浏览器,进入西安交通大学主页,单击主页上"思源BBS"快速链接项;或在浏览器地址栏输入:bbs. xjtu. edu. cn,即可选择自己感兴趣的栏目进行浏览(参见图3-31)。

(2) 如果要在BBS上与人交流、讨论,则应申请权限,即进行用户注册。只要在交大思源BBS主页上单击"新用户"注册项,即可进入注册页面,如图3-32所示。

(3) 按页面显示的顺序输入代号(帐号)别名、密码和一些个人资料,完成之后,单击"注册"按钮。注册完成后,就可按注册的帐号和密码进入该站。可以选择自己关心的栏

图 3-31　西安交通大学 BBS 主要页面

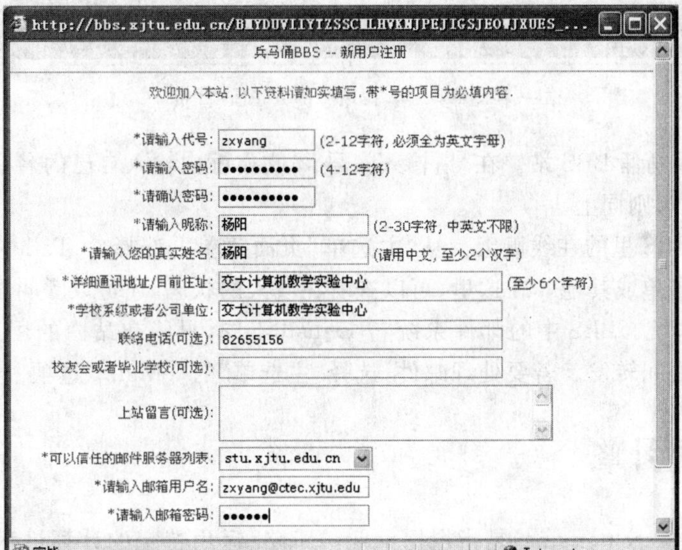

图 3-32　交大 BBS 新用户注册

目进行浏览，查看在线用户，阅读使用说明，下载感兴趣的内容等。

以上只是一般的权利，若要就某一议题发表意见或答复问题，应当据实填写个人资料。当真实的资料被初步确认后，要想取得合法身份，还要等待 3 天的审核批准。

2. 利用 Telnet 进入 BBS

Telnet 是基于 TCP/IP 协议的远程登录命令，"远程登录"就是让计算机扮演一台终端的角色，通过网络登录到远程的主机上，在这之前，必须在远程主机上建立一个合法的帐号。在 Internet 中进行远程登录时,要在 Telnet 命令中给出远程计算机的域名或 IP 地址,然后根据系统的提示正确输入自己的用户名和口令,有时还要回答自己所用的终端类型。利用 Telnet 建立 BBS 连接方法如下:

(1) 启动 IE 浏览器。在地址栏输入: telnet://bbs.xjtu.edu.cn 后按 Enter 键,连接后显示如图 3-33 所示。

图 3-33　由 Telnet 进入 BBS 首页

(2) 进入兵马俑 BBS 站。在"请输入帐号:"文本框内输入自己的名字或代号。新用户要进行注册,规则同上。

(3) 查看 BBS 里的在线聊天。从"主选单"页面菜单上选择"[Talk]",进入聊天室,选择在线用户名单或其他。在这里,可以查看在线人的状态,还可以呼叫自己的朋友。

(4) 邮件系统。BBS 中的邮件系统与 E-mail 不同,只能在站内的用户间发送,而不能在不同站点之间转发。若要处理邮件,选择"主选单"的"[Mail]"选项。

3.5　搜索引擎

搜索引擎(search engine)是指根据一定的策略、运用特定的计算机程序搜集互联网上的信息。在对信息进行组织和处理后,并将处理后的信息显示给用户,是为用户提供检索服务的系统。

在信息社会,信息的有效和快捷是成功的必要条件。互联网从出现到现在,信息量可以说呈指数的增长,在这浩如烟海的信息中怎么才能找到自己需要的信息呢? 搜索引擎为人们提供了极大的帮助。

3.5.1　检索分类

每个独立的搜索引擎都有自己的网页抓取程序。运行这个程序就可以顺着网页中的超链接,连续地抓取网页。被抓取的网页称为网页快照。由于互联网中超链接的普遍应用,理论上,从一定范围的网页出发,就能搜集到绝大多数的网页。抓到网页后,还要做大量的预处理工作,才能提供检索服务。其中,最重要的就是提取关键词,建立索引文件。

要进行检索,必须提供查询条件,查询条件要符合服务站点的检索规则。各站点的检索规则不尽相同。大致可分为全文索引和目录索引两类。

- 全文索引。全文搜索引擎是名副其实的搜索引擎,国外代表有 Google,国内则有著名的百度搜索。它们从互联网提取各个网站的信息(以网页文字为主),建立起数据库,输入关键词进行检索,搜索引擎从索引数据库中找到匹配该关键词的网页。为了便于判断,除了网页标题和 URL 外,还会提供一段来自网页的摘要以及其他信息。按一定的排列顺序返回结果。
- 目录索引。目录索引虽然有搜索功能,但严格意义上不能称为真正的搜索引擎,只是按目录分类的网站链接列表而已。用户完全可以按照分类目录找到所需要的信息,不依靠关键词(Keywords)进行查询。目录索引中最具代表性的莫过于大名鼎鼎的 Yahoo。这类检索适合对浏览的目的没有明确的关键字表示,只有大致内容方面的分类概念,一些搜索引擎提供了按照页面内容分类的"导航",如图 3-34 所示爱问网首页中的带下划线的各分类项:"股票"、"软件"、"手机"等。如果要检索有关手机方面的信息,首先单击"手机"分类项,在打开的页面中进一步选择所关心的问题。

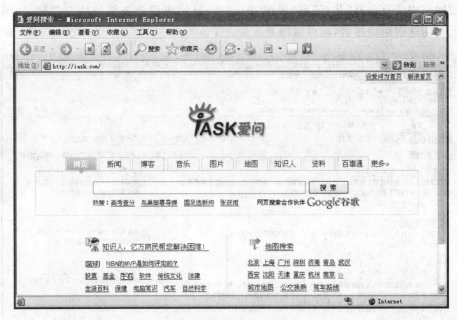

图 3-34　爱问网主页

3.5.2　搜索技巧

有人说,会搜索才叫会上网,搜索引擎在日常生活中的地位已是举足轻重。如何快速、准确地在互联网中找到自己所需要的信息,需要一点点技巧。

1. 关键词准确

关键词的选择在搜索中起到决定性的作用,所有搜索技巧中,关键词选择是最基本也是最有效的。一般搜索引擎会严格按照提交的关键词去搜索,因此,关键词表述准确是获得良好搜索结果的必要前提。常见的表述不准确情况是脑袋里想着一回事,搜索框里输入的是另一回事。还有就是查询词中包含错别字。当搜索后发现有大量无关信息时,请从搜索结果中找出更准确的关键词重新搜索。

2. 多个关键字布尔检索

还可以通过使用多个关键字来缩小搜索范围。一般而言,提供的关键字越多,搜索引擎返回的结果越精确。

用与(AND 或+)、或(OR 或 ,)、非(NOT 或-)3 个布尔操作符组合检索项。使用 AND 操作符组合的检索项,其中每个关键词都必须出现在检索结果中。使用 OR 操作符组合的检索项,任一关键词出现在文档中,都是符合条件的。使用 NOT 操作符时一定要注意,它也许会把希望查到的结果给筛选出去。

例如,进入百度主页,在搜索文本框中输入"北京 奥运",关键词"北京"和"奥运"之间用空格分开(空格相当于 OR),然后单击"百度一下"搜索命令按钮,即开始按网站快速检索当前网络中所有含有"北京"和"奥运"的站点,显示出符合条件的站点名称,如图 3-35 所示。单击这些超链接名,就可以浏览该站点了。

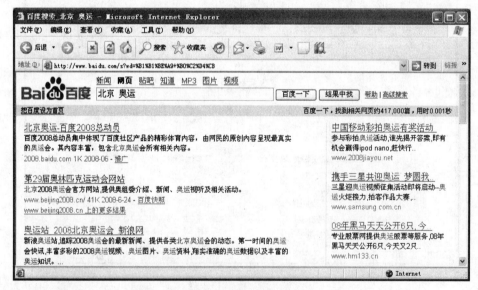

图 3-35　百度搜索主页

很多有价值的资料,在互联网上并非是普通的网页,而是以 Word、PowerPoint、PDF 等格式存在。要搜索这类文档,很简单,在普通的查询词后面,加一个文档类型限定关键字,如 DOC、XLS、PPT、PDF 等。

日常工作和娱乐需要用到大量的软件,很多软件属于共享或者自由性质,可以在网上免费下载。找下载页面这是最直接的方式。在软件名称后加上"下载"这个特征词,通常可以很快找到下载点。例如 flashget 下载。

3. 精确匹配检索

如果输入的关键词较长,在搜索结果中的关键词可能是拆分的。如果对这种情况不满意,可以尝试不拆分关键词。一般是在文字框中输入关键词时,加一对半角的双引号("")。就可以达到这种精确匹配检索效果。

3.6　域名系统(DNS)

域名系统(Domain Name System,DNS)是一种组织域层次结构的计算机和网络服务命名系统。所提供的服务是完成将主机域名转换为 IP 地址的任务。在 Internet 网络上要访问某一服务器上的资源时,一般是在浏览器地址栏中输入的是便于识记的主机域名。而网络上的计算机之间实现连接却是通过每台计算机在网络中拥有的唯一的 IP 地址来完成的,这样就需要在容易记忆的地址和计算机能够识别的地址之间有一个解析,DNS服务器便充当了地址解析的重要角色。

3.6.1　DNS 服务的工作过程

通过 DNS 进行域名解析的过程大致是这样的:应用程序调用一个称为解析器的库函数,将目的主机的域名作为参数传给解析器;解析器向首选域名服务器发送一个 UDP数据报,询问与该域名对应的 IP 地址;域名服务器查找映射文件,将 IP 地址返回给解析器;解析器再将 IP 地址返回给应用程序。

如果查询名称在首选服务器中未发现与域名匹配的 IP 地址,则查询过程可继续进行,使用递归来完成解析,这要求来自其他 DNS 服务器的支持,以帮助解析名称。在大多数情况下,DNS 服务器默认配置支持递归过程。

3.6.2　DNS 域名空间

DNS 域名空间是一种树状结构,指定了一个用于组织名称的结构化的阶层式域空间。最高级的结点称为"根"(root),根以下是顶层子域,再以下是第二层、第三层……顶层子域包括以下标识:com、edu、net、org、gov、mil、int,分别表示商业组织、大学等教育机构、网络组织、非商业组织、政府机构、军事单位和国际组织;而美国以外的顶层子域,一般是以国家名的两字母缩写表示,如中国 cn、英国 ck、日本 jp 等。结点的域名是由该结点到根的所经结点的标识顺序排列而成,从左往右,列出离根最远到最近的结点标识,中间以"."分隔,例如 www. xjtu. edu. cn 是西安交通大学 Web 服务器主机的域名,它的顶层域名是 cn,第二层域名是 edu. cn,第三层域名是 xjtu. edu. cn,www. xjtu. edu. cn 是绝对域名。

3.7　Google 地球

Google Earth(Google 地球)可以在地球上任意遨游,无论是外太空星系,还是大洋峡谷,只要感兴趣,就可以查看卫星图像、地图、地形和 3D 建筑。可以探索丰富的地理知识,保存游览过的地点并与他人分享。只要在搜索框输入城市的名字,就可以出现该城市的卫星地图,并根据需要进行放大、缩小、定位等操作。通过它可以方便地查看各个街道、大厦的三维图形。

3.7.1　Google 地球主窗口

下载并安装了 Google Earth(有绿色版,不用安装)后,在桌面上会建立一个 Google 地球图标,双击这个图标,该计算机就变成了一扇通往世界任何地方的窗口,下面来认识一下 Google 地球的主窗口,如图 3-36 所示。

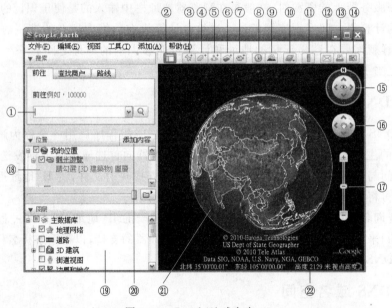

图 3-36　Google 地球主窗口

① 搜索面板,用来查找位置、行车路线或商业网点以及管理找到的结果。

② 显示/隐藏侧边栏。

③ 添加地标。

④ 添加多边形。

⑤ 添加路径。

⑥ 添加图像叠加层。

⑦ 录制游览。

⑧ 显示历史图像,使用时间滑动条在各拍摄日期之间移动切换。

⑨ 显示阳光在地面的移动轨迹,使用时间块设置时间。

⑩ 在地球、天空和其他星球之间切换。

⑪ 显示标尺,测量距离或面积。

⑫ 电子邮件,将当前视图用电子邮件发送给朋友。

⑬ 打印,打印当前视图。

⑭ 在 Google 地图中查看,将当前视图切换到 Google Maps 中浏览。

⑮ "查看"导航面板,从某个有利位置环顾四周。单击并拖动外环旋转视图,单击外环上的字母 N,恢复到上北下南。(先单击 3D 视窗,然后按下键盘上的 R 键也同时恢复到上北下南,垂直俯视的状态。)

⑯ "移动"导航面板,(控件中央)上下左右移动。

⑰ "缩放"导航面板,使用缩放滑块进行放大或缩小(⊕ 为放大, ⊖ 为缩小)。

⑱ 位置面板,查找、保存、组织和重游位置。

⑲ 图层面板,列出 Google 预设的位置,勾选其中的某个图层后,再放大或缩小地球时,就会在视图上显示该图层下的位置或者其他元素。

⑳ 添加内容,可将 Google 官方网站精选的位置添加到位置面板中。

㉑ 3D 视窗,浏览地球就是这里面进行的。

㉒ 状态栏,显示经纬度坐标和海拔。

3.7.2　google 地球的几个应用

1. 搜索地点

单击搜索面板中的"前往"标签,在下面的文本框中输入地点,然后单击"搜索"按钮 Q ,Google Earth 就会列出匹配的搜索结果,双击其中的某条结果,Google Earth 就会"飞"到该位置。

2. 观光游览

在位置面板中单击"观光游览"前的"＋"号将其展开,并勾选"3D 建筑"图层,然后双击"立即开始游览"按钮,这时 3D 视窗中就开始观光游览,进入到位置面板设定的第一站后暂停,如图 3-37 所示。在 3D 视窗左下角显示" 播放 / 暂停 "按钮。这时可以用鼠标选择 3D 视窗中更多的内容游览;也可以单击"播放"按钮继续观光位置面板中设定的下一个地点。

3. 查找两地间的行车路线

单击搜索面板中的"路线"标签,在下面的两个文本框中输入起点和终点,然后单击"搜索"按钮,就会显示行车路线如图 3-38 所示。

4. 查看其他用户创建的特色内容

在图层面板中,勾选主数据库中的不同内容,一些有趣的特色地标或者其他 Google Earth 元素就会显示在 3D 视图上,单击这些特色内容可了解更多信息。

图 3-37　观光游览 3D 视窗

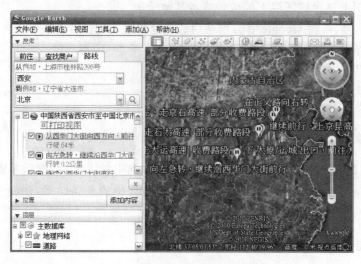

图 3-38　从西安至北京的行车路线

5．观察三维地形

这个功能在浏览像山脉这样的较高的地形时尤为有趣，比如美国大峡谷、珠穆朗玛峰。先找到要查看的位置，再调节其倾斜度，就可以看到三维地形了。

6．创建地标

可以使用地标来标记地球上的任何位置。这样，便可以随时通过双击"位置"面板中的地标快速转到标记的位置。

单击工具栏上的"地标"图标或从添加菜单中选择"地标"命令。新建地标对话框随即显示，且在闪烁的黄色矩形框内的查看器中央有一个地标图标。将鼠标光标定位在地标上直至光标变为手指状，然后将它拖动到所需位置。在地标对话框中输入名称和其他信息后，单击"确定"按钮完成创建地标。

7. 绘制路径

可以在 3D 视窗中绘制自由形状的路径,并和地标一样保存在"位置"面板中。

单击工具栏上的"路径"图标或从添加菜单中选择"路径"命令。新建路径对话框随即显示。在 3D 视窗中单击开始位置,按下鼠标左键,然后拖动。光标变为向上的箭头以指示正在使用自由形状模式。绘制的路径会出现一条线。

注意在绘制路径的过程中可放大或缩小 3D 视窗,也可用 4 个方向箭头移动 3D 视窗,以便准确绘制路径。

当路径绘制完成后,在路径对话框中输入名称并在视图标签中单击"获取当前视图的快照"按钮,将会显示当前路径的长度。

8. 录制游览

可以创建和播放位置的游览和内容。游览是一种导向式的体验,可从一个地点飞往另一个地点,查看地形以及观看期望的内容。可以创建游览以精确记录在 3D 视窗中的游览线路,甚至可以添加音频。然后可以与其他 Google 地球用户共享这些游览。

单击工具栏中的"录制游览"按钮,记录游览控件显示在 3D 视窗的左下角。要开始和结束记录,请单击"记录/停止"按钮。要向游览添加音频,请单击"音频"按钮。结束记录游览时,将出现在"位置"面板中。然后就可以播放该游览,或与他人共享。

3.8　BT 下载

BT 下载实际上是一个多点下载的 P2P 软件,全名叫"BitTorrent",中文全称:"比特流"。其特点简单地说就是下载的人越多,速度越快。一般的下载服务器为每一个发出下载请求的用户提供下载服务,而 BitTorrent 的工作方式与之不同。文件的持有者将文件发送给其中一名用户,再由这名用户转发给其他用户,用户之间相互转发自己所拥有的文件部分,直到每个用户的下载都全部完成。这种方法可以使下载服务器同时处理多个大体积文件的下载请求,而无须占用大量带宽。

BT 首先在上传者端把一个文件分成 Z 个数据块,甲在服务器随机下载了 N 个块,乙在服务器随机下载了 M 个块。这样甲的 BT 就会根据情况到乙的计算机上去拿乙已经下载好的 M 个块,乙的 BT 就会根据情况去到甲的计算机上去拿甲已经下载好的 N 个块。这样就不但减轻了服务器端负荷,也加快了用户方(甲、乙)的下载速度,效率也提高了,更同样减少了地域之间的限制。比如说丙要连到服务器去下载的话可能才有几 K 的下载速率,但是要到甲和乙的计算机上去拿就快多了。所以说用的人越多,下载的人越多,下载的速度也就越快,BT 的优越性就在这里。而且,在下载的同时,也在上传(别人从该计算机上下载那个文件的某个块),所以说在享受别人提供的下载的同时,也在贡献。

3.8.1　BT 种子

想要把自己计算机中的资源通过 BT 这种方式共享出来,可以使用 BT 种子制作软件(如 Complete Dir 或 BT 客户端软件比特精灵等)来制作种子文件(扩展名为. torrent),之后到相关网站上填写发布信息并发布出去。当有下载者时,该计算机便是第一个种子。

下载者要下载文件,需要先得到相应的. torrent 种子文件,然后使用 BT 客户端软件进行下载。下载时,BT 客户端首先解析. torrent 文件得到 Tracker 服务器地址,然后连接 Tracker 服务器。Tracker 服务器回应下载者的请求,提供下载者其他下载者(包括发布者)的 IP。下载者再连接其他下载者,根据. torrent 文件,两者分别告知对方自己已经有的数据块,然后交换对方没有的数据块。此时不需要其他服务器参与,分散了单个线路上的数据流量,因此减轻了服务器负担。

一般的 HTTP/FTP 下载,发布文件仅在某个或某几个服务器,下载的人太多,服务器的带宽很可能不胜负荷,变得很慢。而 BitTorrent 协议下载的特点是,下载的人越多,提供的带宽也越多,种子也会越来越多,下载速度就越快。

而有些人下载完成后关掉下载任务,提供较少量数据给其他用户,为尽量避免这种行为,在 BitTorrent 协议中还有一种算法。这种算法允许文件发布者分几步发布文件,发布者不需要一次提供文件所有内容,而是慢慢开放下载内容的比例,延长下载时间。此时,速度快的人由于未下载完必须提供给他人数据,速度慢的人则有更多机会得到数据。

目前,又发展出 DHT 网络技术,使得无 Tracker 服务器下载成为可能。DHT 全称为分布式哈希表(Distributed Hash Table),是一种分布式存储方法。在不需要服务器的情况下,每个客户端负责一个小范围的路由,并负责存储一小部分数据,从而实现整个 DHT 网络的寻址和存储。使用支持该技术的 BT 下载软件,无须连接 Tracker 服务器就可以下载。因为软件会在 DHT 网络中,寻找下载同一文件的其他用户并与之通信,开始下载任务。

3.8.2　BT 客户端

由于 BT 下载实际上是一种 P2P 方式,因此不像传统的 http 下载那样只需浏览器就可以下载,必须安装一种支持 BT 下载的软件,这些软件称为"BT 客户端"。

常见的 BT 客户端如 BitTorrent、MyBT、WinBT、Btogether、BitComet、比特精灵等,下面以比特精灵为例,介绍使用方法。

1. 初始化设置

安装比特精灵过程中,会弹出"比特精灵设置向导"。当完成安装后也可通过"选项"|"设置向导"菜单命令来完成。设置的目的是使比特精灵适合网络环境,以最小的系统资源占用达到最理想的下载速度。

2. 制作种子文件及发布

在菜单栏上选择"功能 | 制作种子文件"菜单命令,弹出如图 3-39 所示的对话框,选择被下载的文件或目录和保存种子文件的存放位置,单击"制作"按钮,种子文件就制作好了。需要指出的是,种子文件只包括被下载文件的区块信息,真正被下载的文件还是保存在本地计算机上。

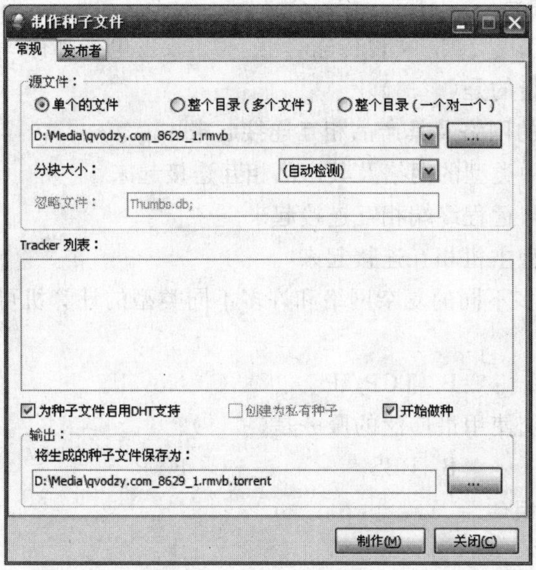

图 3-39　制作种子文件

接下来的工作就是把种子文件上传到服务器或上传至一些论坛中让他人去下载。

3. 任务的添加和下载

在默认的设置下,双击一个本地的种子文件或在浏览器中单击一个种子文件的链接时,都会打开"添加"对话框,在这里可以控制该任务的连入连出数目及下载上传速度,可以选择被下载文件的保存位置或缓存区块数目等。单击"确定"按钮开始下载。

本章小结

本章主要介绍了 Internet 的基础知识,Internet 的接入方法,WWW 服务以及浏览器 IE 的基本知识,深入了解 IE 的更多应用技巧以及插件的概念和强大功能。熟练掌握文件传输、电子邮件、搜索引擎、Google 地球和 BT 下载的应用,了解域名系统。随着 Internet 逐渐走进千家万户,大家越来越感受到了网络带来的便捷。

习题

选择题:

1. Internet 与 WWW 的关系是(　　)。
   A. 都表示互联网,只不过名称不同
   B. WWW 是 Internet 上的一个应用功能
   C. Internet 与 WWW 没有关系
   D. WWW 是 Internet 上的一种协议

2. WWW 的作用是(　　)。

　　A. 信息浏览　　　　B. 文件传输　　　　C. 收发电子邮件　　　　D. 远程登录

3. 所谓互联网,指的是(　　)。

　　A. 同种类型的网络及其产品相互连接起来

　　B. 同种或异种类型的网络及其产品相互连接起来

　　C. 大型主机与远程终端相互连接起来

　　D. 若干台大型主机相互连接起来

4. Internet 上许多不同的复杂网络和许多不同类型的计算机可以互相通信的基础是
(　　)。

　　A. ATM　　　　　　B. TCP/IP　　　　　C. Novell　　　　　D. X. 25

5. 目前,因特网上使用最广泛的服务是(　　)。

　　A. E-mail　　　　　B. BBS　　　　　　C. FTP　　　　　　D. CHAT

6. TCP/IP 是一组(　　)。

　　A. 局域网技术

　　B. 广域网技术

　　C. 支持同一种计算机(网络)互联的通信协议

　　D. 支持异种计算机(网络)互联的通信协议

7. 网络协议是(　　)。

　　A. 网络用户使用网络资源时必须遵守的规定

　　B. 网络计算机之间进行通信的规则

　　C. 网络操作系统

　　D. 用于编写通信软件的程序设计语言

8. 域名是(　　)。

　　A. IP 地址的 ASCII 码表示形式

　　B. 按接入 Internet 的局域网的地理位置所规定的名称

　　C. 按接入 Internet 的局域网的大小所规定的名称

　　D. 按分层的方法为 Internet 中的计算机所取的直观的名字

9. 要想在 WWW 网上查询信息,必须安装并运行一个被称为(　　)的软件。

　　A. HTTP　　　　　B. YAHOO　　　　　C. 浏览器　　　　　D. 万维网

10. IE 在浏览网页时,若不想读取,可以单击工具栏上的(　　)按钮。

　　A.“停止”图标　　　　　　　　　B.“刷新”图标

　　C.“主页”图标　　　　　　　　　D.“关闭”图标

11. 从 Internet 获取邮件时,电子信箱是设在(　　)。

　　A. 计算机上　　　　　　　　　　B. 发信到计算机上

　　C. ISP 的服务器上　　　　　　　D. 根本不存在电子信箱

12. HTTP 是一种(　　)。

　　A. 高级程序设计语言　　　　　　B. 域名

　　C. 超文本传输协议　　　　　　　D. 网址

13. 上网浏览网页的工具软件是(　　)。

    A. ICQ   B. Internet Explorer

    C. CuteFTP   D. RealPlayer

14. 关于 WWW 的意义,下面叙述正确的是(　　)。

    A. WWW 是 World Wide Web 的英文缩写,简称万维网

    B. WWW 与 Internet 一样,也是一种互联网络

    C. WWW 和 E-mail 是 Internet 最重要的两个工具

    D. 以上说法都正确

15. 下述(　　)是“收藏夹”的功能。

    A. 将常用的文件收集起来,以方便调用

    B. 将常登录的网站地址与名称收集起来,以方便调用

    C. 将常用的应用软件执行程序文件收集起来,以方便调用

    D. 以上说法都不正确

16. 在 Internet 上,当所调用的网页很久还不出来时,如想放弃读取,可以单击(　　)。

    A.“停止”图标   B.“重新整理”图标

    C.“首页”图标   D. 以上说法都不正确

17. 有关在 Internet 上所获取的图片与文字,下列叙述正确的是(　　)。

    A. 获取文字与获取图片的操作也可以一次完成

    B. 要获取文字,必须先将要获取的部分标示出来,再使用“编辑”下拉菜单里的“复制”命令,最后再将其粘贴到已经开启的文字处理程序中

    C. 要选用可以合并图文处理的文字处理软件,才能整合获取的文字与图片

    D. 除非不再整理或仅供非公开场合使用,否则为避免著作权的问题,获取下来的图片与文字最好再做处理

18. 开放系统互联参考模型 OSI 的基本结构分为(　　)层。

    A. 4   B. 5   C. 6   D. 7

19. 信息高速公路传送的是(　　)。

    A. 二进制数据   B. 系统软件   C. 应用软件   D. 多媒体信息

20. 有关 IP 电话,以下错误的是(　　)。

    A. IP 电话的通信道是 Internet   B. IP 电话传输的是数字量

    C. IP 电话价格便宜   D. IP 电话的使用不需要电话机

21. 万维网的网址以 http 为前导,表示遵从(　　)协议。

    A. 纯文本   B. 超文本传输   C. TCP/IP   D. POP

22. URL 的作用是(　　)。

    A. 定位主机的地址   B. 定位网页的地址

    C. 域名与 IP 地址的转换   D. 表示电子邮件的地址

23. 域名与 IP 地址的关系是(　　)。

    A. 一个域名对应多个 IP 地址   B. 一个 IP 地址对应多个域名

C. 域名与 IP 地址没有关系   D. ——对应

24. 域名系统 DNS 的作用是（   ）。

     A. 存放主机域名   B. 存放 IP 地址

     C. 存放邮件的地址   D. 将域名转换成 IP 地址

25. 电子邮件使用的传输协议是（   ）。

     A. SMTP   B. Telnet   C. Http   D. Ftp

26. WWW 浏览器是（   ）。

     A. 一种操作系统   B. TCP/IP 体系中的协议

     C. 浏览 WWW 的客户端软件   D. 远程登录的程序

27. 使用浏览器访问 Internet 上的 Web 站点时，看到的第一个画面叫（   ）。

     A. 主页   B. Web   C. 文件   D. 图像

简答题：

1. Internet 的基本工作原理是什么？

2. IP 地址和域名的关系是什么？

3. IE 插件有什么作用？

4. FTP 的主要功能是什么？

5. 简述 Outlook Express 功能和使用。

6. DNS 的作用是什么？

第4章
在Windows XP下建立网络服务

Windows XP 采用的是 Windows NT 的核心技术,具有运行可靠、稳定而且速度快的特点,这将为计算机安全高效运行提供保障。它不但使用更加成熟的技术,而且外观设计也焕然一新。但一般常用于客户端操作系统,要使其能够提供各种网上服务,实现 Internet 的各种功能,还需要安装和配置常用的网络服务。这样做对于初学网络应用的人来说完成网络实验比较容易,因为现在学生的上机机房基本上安装的是 Windows XP (如果自己安装和配置 MS Windows Server 系列的操作系统有一定难度)。本章主要介绍在 Windows XP 下各种服务器的建立。

4.1 建立 IIS 服务器

IIS(Internet Information Server)是一种 Web(网页)服务组件,其中包括 Web 服务器、FTP 服务器和 SMTP 服务器,分别用于网页浏览、文件传输和邮件发送等方面,使得在网络(包括互联网和局域网)上发布信息成了一件很容易的事。IIS 支持与语言无关的脚本编写和组件,通过 IIS,开发人员就可以开发新一代动态的、富有魅力的 Web 站点。IIS 不需要开发人员学习新的脚本语言或者编译应用程序,IIS 完全支持 VBScript、JScript 以及 Java 开发软件(在第 5 章介绍)。

4.1.1 安装 IIS

插入 Windows XP 安装光盘,如果该光盘是自动运行的,将显示一安装选择菜单,请单击"安装可选的 Windows 组件";如果该光盘不是自动运行的,单击"开始"|"设置"|"控制面板"|"添加/删除程序"|"添加/删除 Windows 组件"选项,显示如图 4-1 所示,勾选第二项 IIS,单击"详细信息"按钮,弹出如图 4-2 所示的对话框。在这个对话框中选择"Front Page 2000 服务器扩展"、SMTP Service 和文件传输协议定书(FTP)服务组件复选框,确定后单击"下一步"按钮,系统会自动完成安装。

4.1.2 测试 IIS

当完成 IIS 安装后可测试是否成功启动,方法是打开 IE 浏览器,在地址栏输入 http://localhost 屏幕显示如图 4-3 所示,说明已安装成功。

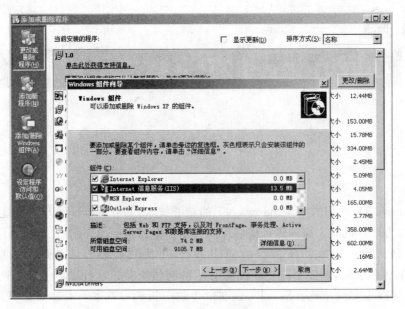

图 4-1　添加/删除 Windows 组件

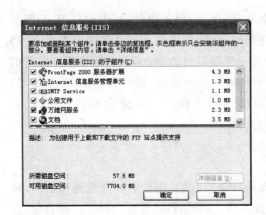

图 4-2　组件选择对话框

图 4-3　IIS 测试页

4.1.3　卸载 IIS

打开"开始"|"设置"|"控制面板"|"添加/删除程序"|"添加/删除 Windows 组件"命令,如图 4-1 所示,取消选中第二项 IIS,单击"下一步"按钮完成卸载。

4.1.4　FrontPage 服务器扩展的配置

单击"开始"|"设置"|"控制面板"|"管理工具"|"计算机管理"命令,在"计算机管理"

窗口中,展开"服务和应用程序"。在"服务和应用程序"下,展开"Internet 信息服务"。在"Internet 信息服务"下,展开"网站",如图 4-4 所示。右击"默认网站",在弹出的菜单中选择"所有任务",然后选择"配置服务器扩展"。如果缺少"配置服务器扩展"菜单命令,表明已安装并配置了 FrontPage 服务器扩展。

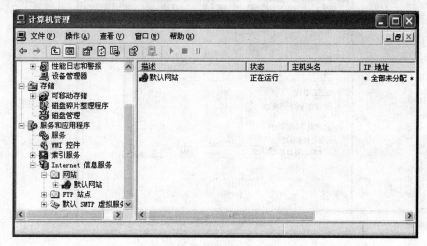

图 4-4   "计算机管理"窗口

在"服务器扩展配置向导"的第一页上选择"下一步"按钮。在"警告"对话框中单击"是"按钮。然后单击"下一步"按钮。再单击"完成"按钮。

当完成 FrontPage 服务器扩展安装配置后可测试是否成功启用,方法是创建一包含有"计数器"组件的网页,命名为 yyy.htm,保存在发布目录下。

打开 IE 浏览器,在地址栏输入 http://localhost/yyy.htm 屏幕显示如图 4-5 所示。当不断按浏览器"刷新"按钮时,计数器的数值自动增加,说明已成功启用。

安装 IIS 时 Windows XP 安装光盘必须和当时安装的光盘是一个版本,否则将不能正常安装。如果要想在任意版本下完成安装,可下载 IIS 安装包,将其存于一文件夹下。当安装过程中提示插入光盘时单

图 4-5   测试服务器扩展

击"确定"按钮,系统弹出"所需文件"对话框,单击"浏览"选择 IIS 安装包所存储的文件夹,单击"确定"按钮进行安装,注意安装中要多次重新确定路径!

4.2   设置 Web 服务器和虚拟目录

4.2.1   设置 Web

选择"开始"|"控制面板"|"管理工具"|"Internet 信息服务"命令,在打开"Internet 信

息服务"管理窗口中右击"默认网站"选项,在弹出的菜单中选择"属性"选项,进入属性设置对话框,如图 4-6 所示。

图 4-6 属性设置对话框

(1) 设置"Web 站点",这里可以设置站点服务器的 IP 地址和访问端口。在"IP 地址"栏中选择目前能够使用的 IP 地址;如果未指定特定的 IP 地址,此站点将响应所有分配给此计算机且没有分配给其他站点的 IP 地址。当然也可使用"127.0.0.1"或"localhost"测试本地主机服务器。"TCP"端口默认为 80,当然为了保密,也可以设置特殊的端口。如设置为"8080",这时在浏览器地址中输入 http://localhost:8080 才能正常访问服务器主页。

(2) 设置"主目录"(即发布目录),"本地路径"默认为 c:\Inetpub\wwwroot,当然可以输入(或用"浏览"按钮选择)自己网页所在的目录作为主目录。

(3) 设置"文档"选项,"启用默认文档"选中后,当在浏览器中输入域名或 IP 时,系统自动在"主目录"中按从上到下的顺序寻找列表中指定的文件名。

(4) 其他的设置均可按默认设置。

4.2.2 创建虚拟目录

若要从主目录以外的目录发布信息,可通过创建虚拟目录来完成。虚拟目录在物理上并不是包含在主目录中的目录,但浏览器却认为该目录包含在主目录中。这样可以在一个服务器上建立多个网站,存放在不同的目录下,访问时,只要在域名(或 IP)后面加上别名就可浏览不同的网站。

创建的方法如下:

(1) 假如主目录在"c:\Inetpub\wwwroot"下,而网页文件在"E:\yang"中,就可以创建一个别名为 test 的虚拟目录。

(2) 选择"开始"|"控制面板"|"管理工具"|"Internet 信息服务"命令,打开"Internet

信息服务"管理窗口,打开"网站"文件夹,右击"默认网站",选择"新建"|"虚拟目录",依次在"别名"处输入"test",在"目录"处输入"E:\yang"后再按提示操作即可添加成功。

(3) 创建完输入"http://127.0.0.1/test"就可以访问了,如图 4-7 所示。

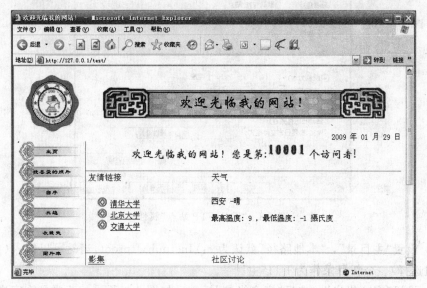

图 4-7　虚拟目录中的主页

4.3　IIS 下 FTP 服务器的配置和应用

FTP 是文件传输协议(File Transfer Protocol)的英文简称,用于 Internet 上的控制文件的双向传输。同时也是一个应用程序。可以通过它把自己的 PC 与世界各地所有运行 FTP 协议的服务器相连,访问服务器上的大量信息资源。FTP 的主要作用,就是让用户连接上一个远程计算机(这些计算机上运行着 FTP 服务器程序)查看远程计算机有哪些文件,然后把文件从远程计算机复制到本地计算机上,或把本地计算机的文件送到远程计算机。

4.3.1　FTP 服务器的配置

选择"开始"|"控制面板"|"管理工具"|"Internet 信息服务"命令,在打开的"Internet 信息服务"管理窗口中右击"默认 FTP 站点"。在弹出的菜单中选择"属性"选项,进入属性设置对话框,如图 4-8 所示。

(1) 设置"FTP 站点",这里可以设置站点服务器的 IP 地址和访问端口。在"IP 地址"栏中选择目前能够使用的 IP 地址;TCP 端口默认为 21,当然为了保密,也可以设置特殊的端口。如设置为 "2100",这时在浏览器地址中将输入"FTP://localhost:2100",才能正常访问 FTP 主目录。"限制为"用来设置服务器允许同时连接的最大连接数,不能超过 10 个。"连接超时"可以设置当连接用户空闲多少秒时会被服务器自动踢出,这可以有效防止浪费服务器最大连接数。

图 4-8　"默认 FTP 站点"属性

（2）设置"主目录"，"本地路径"默认为 c:\Inetpub\ftproot，当然可以输入（或用"浏览"按钮选择）一个新目录作为 FTP 主目录。

（3）设置"安全帐户"。选择"安全帐户"标签后如图 4-9 所示。若要允许客户端使用用户名"anonymous"登录到 FTP 服务器，请选中"只允许匿名连接"复选项。

图 4-9　"默认 FTP 站点"安全帐户属性

- 用户名：输入匿名连接应使用的用户名。
- 密码：输入匿名连接帐户使用的密码。如果选中了"允许 IIS 控制密码"选项，此密码将不能更改。
- 只允许匿名连接：选中此复选框后，就无法使用用户名和密码登录。此选项拒绝具有管理权限的用户访问；只对具有匿名访问帐户的用户授予访问权限。

- 允许 IIS 控制密码：若要使 FTP 站点自动与 Windows 中的匿名密码设置同步，请选中此复选框。

（4）设置"消息"。使用此属性页创建消息。当用户连接到站点时，将向用户显示这些消息。

4.3.2　创建 FTP 虚拟目录

当上传的文件多了，架设服务器当初设定的主目录所在盘空间往往就不够了，怎么办？这就需要设置虚拟目录。虚拟目录就是将其他目录以映射的方式虚拟到该 FTP 服务器的主目录下。这样，一个 FTP 服务器的主目录实质上就可以包括很多不同盘符、不同路径的目录，而不会受到所在盘空间的限制了。登录到主目录下，还可以根据该帐户的权限对它进行相应的操作，就像操作主目录下的子目录一样。

创建的方法：

例如主目录在"c:\Inetpub\ftproot"下，而虚拟目录在"E:\yang"下，就可以创建一个别名为 test 的虚拟目录。在"默认 FTP 站点"上右击，选择"新建"|"虚拟目录"命令，依次在"别名"处输入"test"，在"目录"处输入"E:\yang"后再按提示操作，即可添加成功。

读写权限设置。IIS 的权限设置比较简单，对每个目录只提供了 3 种权限：读取（允许下载）、写入（允许上传）和记录访问（在日志中记录用户对此目录的访问）。对主目录可以在"默认 FTP 站点"的属性中设置，对于虚拟目录可以在虚拟目录的"属性"中设置。

提示：主目录设置的权限如果与虚拟目录的权限发生冲突，则以主目录权限为准。例如主目录设置的权限为读取和写入，而虚拟目录的权限只设置为读取，则虚拟目录的权限将会被主目录权限覆盖掉，自动拥有写入权限。

4.3.3　登录 FTP 服务器

当完成服务器的配置后，就能够通过任一台联网的计算机登录 FTP 服务器了。打开浏览器，在地址栏输入 ftp://localhost，即可进入默认的 FTP 站点；输入 ftp://localhost/test，就可以登录虚拟目录 FTP 站点。

要实名登录 FTP 服务器时，选择"安全帐户"标签后，取消选中"允许匿名连接"复选项。要建立 FTP 帐户。IIS 对帐户的管理按照 Windows 用户帐户方式进行。在"管理工具"中打开"计算机管理"，找到"本地用户和组"下的"用户"选项，右击，选择"新用户"选项。

4.4　邮件服务器的配置和应用

电子邮件是当今在网上最常用的通信工具之一，已经成为人们网络生活中不可或缺的一部分。为了让大家方便实践，加深对邮件服务的理解，下面简单介绍 IMAIL SERVER 邮件服务器在局域网中的配置和应用。如果要用于 Internet 中还需要申请邮件服务器的域名并且完成对服务器的设置。实际上在局域网中构建一个内部邮件服务器，不仅可以提高内部公文的传送速度，而且还能大大降低通信费用。

4.4.1　IMAIL 的安装

IMAIL SERVER 是一种容易使用、安全且反垃圾邮件的邮件服务器,是局域网内用来进行 EMAIL 通信并管理收发信息的一种优秀的解决方案,能帮助人们获得安全、可靠的邮件服务。以中文版 Imail Server V 8.01 为例,安装过程如下:

(1) 双击安装文件 SETUP. exe 启动安装程序;

(2) 单击 Next 按钮,打开 Official Host Name 对话框,在文本框中输入主机的名称 ctec. com,如图 4-10 所示。这个名称将作为邮件服务器的域名,在今后的收发邮件中经常使用,请给出一个有意义的名称;

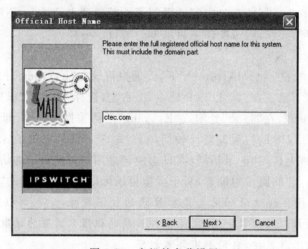

图 4-10　主机的名称设置

(3) 单击 Next 按钮打开 DateBase Options 对话框,选择"Imail user DateBase"单选按钮;

(4) 单击 Next 按钮为 IMAIL 的安装选择路径,默认情况下安装在 C:\IMAIL;

(5) 单击 Next 按钮,打开 SMTP Relay Option 对话框,可以选择默认的 No mail relay;

(6) 单击 Next 按钮,打开 Service Start Options 对话框,在框中可以选择 IMAIL 的默认启动服务。默认情况下选择的是 IMail SMTP server 和 IMail Queue Manager Service 复选框;

(7) 单击 Next 按钮,继续安装,当出现是否新建用户时,在这里可以先不建立等到使用时再建立,而安装完成系统会自动创建一个 root 用户。

4.4.2　IMAIL 的基本配置

邮件服务器安装成功以后,初次使用,从"开始"|"所有程序"|Imail 菜单中打开 IMAIL Adiministrator,如图 4-11 所示。它是对 IMAIL 服务器进行配置的管理窗口,首先应该查看其服务启动情况,根据具体需要可启动多个服务,启动时先选择主窗口左窗格中的 Services,在右侧窗口中选择需要启动的服务,然后单击"启动"按钮。如启动 SMTP、POP3、QUEUE MANAGER 服务。

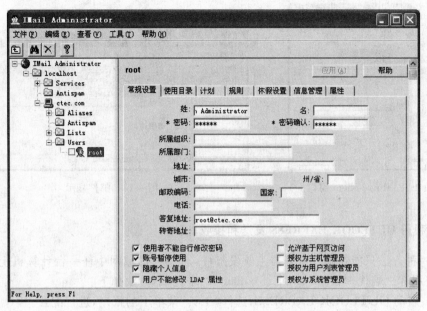

图 4-11 IMAIL Adiministrator 主窗口

增加新用户,具体操作步骤如下:

(1) 在图 4-11 中右击左窗格中 Users 文件夹。

(2) 在弹出的快捷菜单中选择 Add User 命令,打开增加新用户对话框,在用户名中输入 MyMail。

(3) 单击"下一步"按钮,输入用户全名(可不输入)。

(4) 单击"下一步"按钮,输入密码及确认密码。

(5) 单击"下一步"按钮,新用户创建完成。至此,为 IMAIL 邮件服务器创建了一个名为 MyMail@ctec. com 的用户。

(6) 单击左窗格中的 Users 下面的 Mymail 就可以看到 Mymail 的基本属性了,如需要配置其他基本属性可选择其他选项卡如"使用目录"、"规则"等。

4.4.3 IMAIL 发送及接收邮件

新创建的用户邮箱基本属性配置完成后,就能发送和接收邮件。

1. 通过 Imail client 发送和接收邮件

(1) 选择"开始"|"所有程序"|Imail client 菜单命令,打开如图 4-12 所示窗口,选择管理员用户 root@ctec. com。

(2) 进入 root 用户的发送/接收邮件窗口。

(3) 单击 Send 按钮,给 MyMail@ctec. com 发送一封邮件。

(4) 邮件编辑完后,单击 Send 按钮,邮件发送结束。

(5) 通过 file|pop logon 菜单命令切换到 mymail 下,即可看到一封邮件,双击这个邮件显示如图 4-13 所示,可以看到信件来自何人、时间和正文。

图 4-12　Imail client 窗口

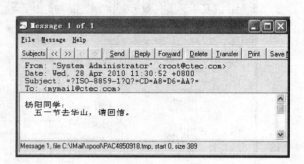

图 4-13　邮件显示

2. 利用 OUTLOOK EXPRESS 发送和接收邮件

上一种方法只能在邮件服务器上收发邮件,若想在局域网中任一台计算机上收发邮件,可使用客户端代理软件(如 OE、foxmail 等)来完成,方法如下。

(1) 启动 OUTLOOK EXPRESS,选择"工具"菜单下的帐户,进行配置。

(2) 根据 Internet 连接向导,为 MyMail@ctec.com 配置发送邮件显示的名字。

(3) 单击"下一步"按钮,输入邮箱 MyMail@ctec.com。

(4) 单击"下一步"按钮,为邮箱配置接收邮件服务器(POP3)以及发送邮件服务器(SMTP),在这里必须输入 IMAIL SERVER 服务器安装的主机 IP 地址,作为接收和发送邮件的服务器地址。

(5) 单击"下一步"按钮,输入该用户 mymail 的邮箱密码。

(6) 单击"下一步"按钮,配置完成后的属性如图 4-14 所示。

(7) 单击"关闭"按钮,完成对 mymail@ajiu.com 在 Outlook Express 中的配置。

(8) 单击 OE 主窗口"创建邮件"按钮,给自己发一封测试邮件如图 4-15 所示。

图 4-14　OE 设置

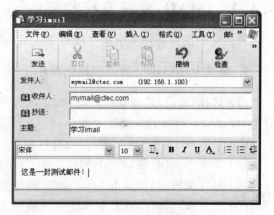

图 4-15　创建邮件

（9）接收以后，发现当前用户 mymail@ctec.com 有一封新邮件双击打开后显示如图 4-16 所示。至此邮件的发送和接收测试完毕，今后就可以自由地发送局域网内部的邮件了。

3. 通过 Web 发送和接收邮件

若想通过 Web 发送和接收邮件，首先要启动 Web Messaging 服务。在图 4-16 中，打开 Services 文件夹，选择 Web Messaging 服务，这时在右边出现如图 4-17 所示的对话框，可完成一些基本的设置。默认的 Web 服务端口是 8383。单击"Start"按钮将启动 Web Messaging 服务。

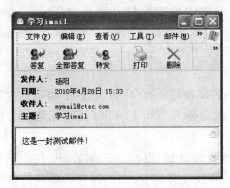

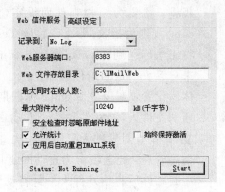

图 4-16　邮件显示　　　　　　　　　图 4-17　Web Messaging 设置

双击打开桌面上的浏览器，在浏览器的地址栏中输入"http://202.117.165.37：8383"，进入 Web 页面，如图 4-18 所示。在这个页面中可方便完成邮件的收发。

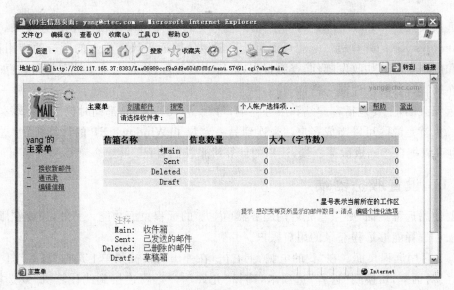

图 4-18　远程桌面连接对话框

4.4.4　IMAIL 的高级配置

在高级配置中,主要介绍"使用目录"、"规则"、"休假设置"、"信息管理"4 种选项卡,为 mymail 邮箱设定更高级的服务配置。

- 使用目录:为邮箱用户配置信箱最大容量和最大信件数目。默认情况均为 0,表示其信箱最大容量和最大信件数目根据邮件服务器的设定为准。如果邮件服务器中设定值也为 0,那么该信箱容量和信件数目无限制;如果需要限定,则在"信箱最大容量"后面的输入框中输入数字,其单位为字节(Bytes),在"最大信件数目"后输入一个正整数,然后单击"应用"按钮。
- 规则:主要为拒收邮件而设定,假设在规则中增加发件人地址为 Test@ctec. com,规则为拒收,那么今后从 Test@ctec. com 发送给 Mymail@ctec. com 的邮件将无法传送到 Mymail@ctec. com 中。而在 Test@ctec. com 邮箱中将收到一封来自系统的退回信件通知。
- 休假设置:在用户 Mymail 休假期间收到的邮件可通过"休假设置"中的信息内容通知发件人,给发件人一个自动回复,告知发件人当前 Mymail 用户无法正常回复,此设置对发件人只回复一次。
- 信息管理:此选项卡为自动回复和自动转信而设置,当前用户 MYmail 在收到每一封邮件后将给发件人一封自动回复信件,包含其信息内容,并且可将此信件转发给其他人。

4.5　远程桌面

远程桌面是 Windows XP 的一个标准组件,允许从任何位置、通过网络连接来访问远程 Windows XP 的计算机。远程桌面可让可靠地使用远程计算机上的所有的应用程序、文件和网络资源。如收发邮件、查看报表、进行用户管理、进行系统维护和更新,就如同本人坐在远程计算机的面前一样。

远程桌面,主要包括客户端和服务器端,每台 Windows XP 都同时包括客户端和服务器端。也就是说既可以当成客户端来连到另一台装了 Windows XP 的计算机,并进行控制,也可以把自己当成服务器端,让别的计算机来控制自己。

4.5.1　设置服务器端

要使用远程桌面,必须首先启用服务器(主机)的远程桌面功能。另外,还要在服务器上添加和选择能够远程登录的用户帐户。

(1) 启用远程桌面。在"我的电脑"上右击,在弹出的快捷菜单上选择"属性"打开"系统属性"对话框,切换到"远程"选项卡,选择"允许用户远程连接到此计算机"复选框,如图 4-19 所示。

(2) 添加帐户。在"控制面板"中打开"管理工具",双击"计算机管理"打开"计算机管理"窗口,在左窗格选择"系统工具"|"本地用户和组"|"用户"选项,如图 4-20 所示。在右

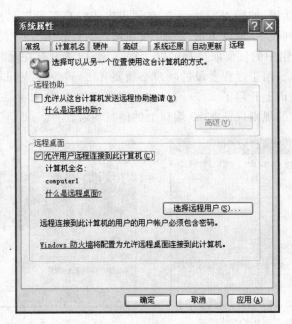

图 4-19 "系统属性"对话框

窗格右击选择"新用户"打开添加新用户对话框。新添加的用户属于 Users 组,要使该帐户能够远程登录,还需要把它添加到 Remote Desktop Users 组(此组中的成员被授予远程登录的权限)。双击新添加的用户,在"隶属于"选项卡上单击"添加"按钮,并添加"Remote Desktop Users"组,最后单击"确定"按钮。该帐户就有远程登录的权限了。

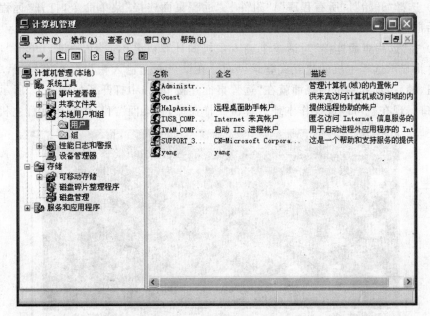

图 4-20 添加新用户窗口

(3) 选择帐户。在"系统属性"对话框的"远程"选项卡上单击"选择远程用户"打开

"远程桌面用户"对话框,如图 4-21 所示。在列表中的帐户都可以远程登录,如果在上一步添加的帐户没在列表中,可以单击"添加"按钮加入到列表中。

　　Administrator 组中的任何成员都可以远程登录,即使没有在远程桌面列出;为了保护主机上信息的安全,用于远程登录的帐户必须要有密码,否则 Windows XP 拒绝从远程登录;远程桌面在主机上开启了 3389 端口监听客户机的连接,如果主机上运行着网络防火墙,必须添加相应的规则保证 3389 端口上的信息畅通。

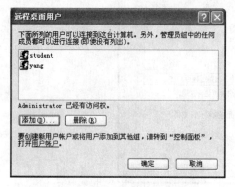

图 4-21　"远程桌面用户"对话框

图 4-22　"远程桌面连接"对话框

4.5.2　使用远程桌面

　　在服务器(主机)上启用了远程桌面,添加并选择了帐户,在 Windows XP 客户端上,就可以使用远程桌面了。

　　(1) 选择"开始"|"所有程序"|"附件"|"远程桌面连接"菜单命令,打开"远程桌面连接"对话框,如图 4-22 所示。

　　(2) 在"远程桌面连接"对话框上输入主机的计算机名称或 IP 地址后单击"连接"按钮,此时将显示远程主机的交互式登录界面。在该界面上输入帐户名和密码域,单击"确定"按钮,稍后,远程主机的桌面就在"远程桌面连接"窗口中打开了如图 4-23 所示的远程桌面窗口。现在就可以像操作本地计算机一样在"远程桌面"窗口中操作远程主机了。

图 4-23　远程桌面窗口

连接建立后,远程主机将退回到登录界面,这样任何其他人就无法看到在远程主机上的操作了;如果要更改连接设置(例如屏幕大小、自动登录信息以及本地资源重定向和性能选项),请在连接前单击图 4-22 上的选项按钮;客户端切换到其他用户时,远程计算机的工作不会丢失。例如,在使用远程桌面编辑远程计算机上 Word 文档时,又需要使用客户端计算机重新进入另一用户检查重要的电子邮件。这时可以先断开远程桌面,切换到另一用户查收邮件,完成后可以重新连接到远程计算机,看到 Word 文档与刚才断开时完全一样。

本章小结

本章重点介绍了在 Windows XP 下如何建立 IIS 服务器,Web 服务器和虚拟目录设置,FTP 服务器的配置和应用,邮件服务器的配置和应用,最后介绍了远程桌面的应用。通过本章的学习,不仅要求对操作系统的功能和使用有更进一步的认识和理解,还要求对网络管理有更深刻地了解。

习题

1. Windows XP 提供了哪些网络服务?
2. 建立 IIS 服务器有几种方法? 如何确认 IIS 服务器安装成功?
3. FrontPage 服务器扩展是什么含义?
4. 设置 Web 服务器的虚拟目录有什么实际意义?
5. 邮件服务器主要功能是什么?
6. 简述远程桌面的使用。

第5章

HTML与ASP基础

为了在世界范围内发布信息,需要一种能够被普遍理解的语言,一种能为所有的计算机作为信息发布用的母语,这就是万维网使用的超文本标记语言(Hyper Text Markup Language,HTML)。它是在 WWW 上描述网页内容和外观的专用语言,使用该语言可描述如何在网页中表现文件、图形、动画等信息以及如何建立网页之间的链接。

5.1 概述

所谓网页就是在浏览器上看到的一幅幅画面,是用 HTML 表示的,通常也称为 HTML 文档,其扩展名为. html 或. htm。组成网页的基本元素是文字、图形和超链接。

网页是构成网站的基本要素,网站则是网页的集合,具有固定的域名,可以供用户浏览访问。一般情况下,每个网站都有一个最初的页面,被称作主页(HomePage)。

HTML 的优点是文件比较小,便于在网络上传输;HTML 文档独立于计算机操作平台;原则上,建立 HTML 文档不需要任何特殊的软件,只需一般的文本编辑器即可; HTML 标记语言也非常便于学习。

制作网页主要有两种方法:写 HTML 源代码和使用网页制作软件制作。常用的网页制作工具软件主要有 FrontPage、Dreamweaver 等,它们是可视化的网页设计和网站管理工具,支持最新的 Web 技术。制作网页时应做好网页内容的规划和组织。各个网页在文字、段落、图形、背景颜色、区分线、脚注等方面要保持统一的风格,各网页间的层次结构要简单明了、路径分明,使用户看起来舒服、流畅。在网页上可适当地加些图片、图像、动画等多媒体信息,以增加网页的可观性。超链接要适当、有效地使用,不要滥用;超链接字串长短要适中;链接文本的颜色应符合用户习惯。

文件名和目录名最好使用英文,这是因为大多数 Web 服务器上的网络操作系统不支持汉字,并注意把所有的网页和相关的文件都放在网站内。在网页中应提供交互性和数据库管理功能,实时收集用户对网站的意见或对某一讨论主题的看法。在网页中应含有大量有关网站内容介绍、帮助性文件及导航索引图标等信息。要定期更新网页内容,同时做好必要的内容备份。

5.2　HTML 文档结构和常用元素

一个 HTML 文件由标头区和主体区两大部分组成,其结构如图 5-1 所示。

在 HTML 文件中:

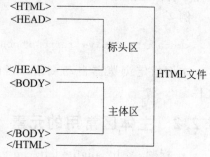

图 5-1　HTML 文档结构

- 使用标签<HTML>和</HTML>标识整个页面,以使浏览器能准确无误地对其进行解释和显示。
- 使用标签<HEAD>和</HEAD>定义页面的标头区,在标头区可指定页面的标题和与该文件有关的属性参数。
- 使用标签<BODY>和</BODY>定义页面的主体内容,构成 HTML 文件的主体区,该内容将显示在浏览器的浏览区。

一个 HTML 文档是普通的 ASCII 文本文件,包含两类内容: 标记、普通的文本。

标记是用一对尖括号"< >"括起来的文本串,标记通常具有如下结构:

<标记名　属性 1=属性值 1　属性 2=属性值 2…>

一般标记既可以不定义属性,也可以定义若干个属性,属性给出了这个元素的附加信息。需要注意,虽然标记和属性名称与字母大小写无关,但是属性值却往往对大小写敏感。例如,可以在超链接中定义相关的文件名,尽管在 Windows 系统中,href=a1 和 href=A1 可以指向同一文件,但在 UNIX 系统中,却是指向不同的文件。

标记和文本结合起来形成元素(Element)。每个元素代表文档中的一个对象,如文件头、段落或图片。一个元素可具有一个或一对标记,通常具有一些相关的属性。

元素有两种类型:

- 容器(container)元素:包含文本内容,代表一个文本段,由文本主体(或其他元素)组成,文本主体在开头和结尾处用一对标记来确定边界(结尾的标记用标记名前加"/"来表示)。

  例如,<title>和</title>标记把这两个标记之间的文本定义成一个文档标题。
- 单个元素:是由不影响任何文本的单个标记组成的,它会在文档中插入一些对象。例如<img src=…>标记就是一个可以在文档中插入图像的单个元素。

5.2.1　标头区中常用的元素

<TITLE>我的主页</TITLE>:这个元素是文档的抬头,类似书籍的页眉。在浏览器中,标题通常与文本页分开显示,如本例中"我的主页"文字将显示在窗口的标题栏中。

<META>:单个元素,嵌入附加信息。

例1：

```
<meta http-equiv="Content-Type" content="text/html; charset=gb2312">
```

http-equiv 属性用于指定本 meta 语句的性质，与其他属性配合使用。本例指定主页所用字符集是国标 GB—2312。

例2：

```
<meta http-equiv="refresh" content="5;url=test.htm">
```

本例指定浏览器自动刷新。当前页面打开 5 秒后，自动打开另一页面 test.htm 文件。

5.2.2 主体区常用的元素

- 标题：<h? align＝left/center/right>…</h? >。这里？的取值为 1～6，可以有 6 个层次的标题。数字越小标题字号越大。标题通常用较大的字型编排，并且在该标题的上下各有一个空行。align 属性指定标题为居左、中、右。
- 换行：
。另起一段，段前不会留出空白行。
- 段落：<p></p >。另起一段，段前会留出一个空白行。
- 粗体字：<b>…</b>。显示粗体字。
- 斜体字：<i>…</i>。显示斜体字。
- 下划线：<u>…</u>。显示下划线。
- 水平线：<hr align＝left/center/right size＝像素 width＝数值％ color＝颜色>。显示一条水平线。align 属性指定水平线居左、中、右，size 属性指定线的宽度为几个像素，width 属性指定线的长度为当前窗口的百分之几（一般在网页设计中较少使用绝对长度，因为浏览器窗口可随时调整大小，如果水平线设置为绝对长度很容易造成不协调，而使用相对长度来描述则对象会随浏览器窗口大小变化而变化），color 属性指定线的颜色，其取值可以是"red、green、blue "等颜色单词，也可用 6 个十六进制数表示红、绿、蓝的取值分量，如 ff0000 表示红。
- 字号、颜色、字体：<font size＝数值 color＝颜色 face＝字体名>…</font>。设置网页中文字的字号、颜色、字体，size 属性的取值为 1～7，color 属性取值同上。face 属性指定字体，其取值为字体的汉字名称。如宋体、隶书等。
- 显示图：<img src＝"url" align＝top/bottom/left/right witdh＝像素 height＝像素 alt＝"text" >。图像标记把图像插入到网页中，src 属性中给出图像所在的位置，可以是当前主机中的一个相对路径，也可以是统一资源定位器地址 url。align 属性指定图像显示在左、中、右。witdh 属性指定图像占据的像素宽度，height 属性指定图像占据的像素高度。如果浏览器不支持插入图像，将显示在可选的 alt 属性中给出的文本。
- 超链接：<A href＝ "url" >text</A>。超链接标记将文本用某种特殊方式来显示（用颜色、下划线或其他类似方法）；当鼠标指向这个文本时，光标将变成一个小手形状，单击这个超文本链接时，Web 服务器将检索"href" 属性中的"url"给出的文档,并将结果返回给用户浏览器。

- 超媒体:＜A href＝"http://www.xjtu.edu.cn"＞＜img src＝"a1.jpg"＞＜/A＞。图像 a1.jpg 成为一个超媒体,产生一个链接到 url 处。

- 背景音乐:＜bgsound src＝"音乐文件" loop＝次数＞;播放背景音乐;src 属性给出音乐文件所在的位置;loop 属性指定播放次数,当次数为"0"时循环播放。

- 嵌入视频:＜img dynsrc＝"视频文件" start＝fileopen/mouseover width＝像素 height＝像素＞;播放视频;dynsrc 属性给出视频文件所在的位置;start 属性指定是一打开网页就开始播放视频(选属性值:fileopen),还是当鼠标越过该视频窗口时播放(选属性值:mouseover)。

- 条目列表:＜ul type＝disc/circle/square＞＜li＞text1＜li＞text2＜li＞text3＜/ul＞。该结构提供了一个无序的条目列表;每个条目以＜li＞标记开始。通常在显示出的各条目项前设置一个符号,如 type 的属性值是 disc 为实心圆点,circle 为空心圆点,square 为正方形点。如默认 type 属性时,显示如下:
  - text1
  - text2
  - text3

- 编号列表:＜ol＞＜li＞text1＜li＞text2＜li＞text3＜/ol＞。该结构提供了一个自动编号列表,每个条目以＜li＞标记开始。显示如下:
  - text1
  - text2
  - text3

- 定义表格:＜table border＝数字＞…＜/table＞。该结构定义一个表格。border 属性的取值可为 0,1,2,3,…决定表格线形状,当为 0 时,无表格线。＜tr＞ 定义表行;＜th＞ 定义表头;＜td＞ 定义表元。

  例:＜table border＝1＞＜tr＞＜th＞姓名＜/th＞＜th＞年龄＜/th＞＜th＞性别＜/th＞＜/tr＞ ＜tr＞＜td＞张三＜/td＞＜td＞18＜/td＞＜td＞男＜/td＞＜/tr＞ ＜/table＞显示如下:

姓名	年龄	性别
张三	18	男

- 定义表单:＜form method＝"GET/POST action ＝"url"＞form body＜/form＞。表单特性是给予万维网真正力量、完成生动的交互式应用的因素之一。表单仅仅是这种特性的一半。一旦用户填完表单,就把表格提交给一个特殊的程序或脚本,由这个程序或脚本取出信息,并用这个表格做一些有用的事(如把用户数据传递给数据库)。

  可以把表单看成因特网上通用的一种视窗(Window)对话框,用于接收用户数据。＜form＞元素括起整个表单,并给出一些基本定义。表单仅占用 HTML 文档的部分空间。实际上,一个 HTML 文档可以包含几个独立的、完成不同功能的表单。Method 属性指定了信息传递给 HTTP 服务器的方法;action 属性给出与处理提交信息的脚本相关的 URL(如"scriptname. asp")。

· 表单输入元素。

```
< INPUT name="text" type="string" size=##value="text" checked>
```

<INPUT>用来把不同的字段放在表单里,以便用户输入信息。

name 属性指定该字段在某个表单中的唯一名称;

可选的 value 属性给出该标记的默认值。

type 属性给出所使用<INPUT>标记的样式,"string"可以是:

CHECKBOX(复选框)

RADIO(单选按钮)

TEXT(单行的文本输入栏)

SUBMIT(提交按钮)

RESET(清除按钮)

size 属性用于设置文本字段的窗口大小(以字符数为计量单位)。

checked 属性与 CHECKBOX 和 RADIO 类型一起使用,用于表示按钮在默认状态时是否被选中。

例 5-1:

```
<HTML>
<HEAD>
<title>表单练习</title>
</HEAD>
<BODY>
<FORM method="GET" action ="table.asp">
姓名: <INPUT name="name" type="text" size=10><br>
班级: <INPUT name="class" type="text" size=10><br>
< INPUT type="submit" Value="传  送"><br>
< INPUT type="reset" Value="重  置">
</form><body></html>
```

图 5-2　表单练习例 5-1

表单练习例 5-1 显示结果如图 5-2 所示。

例 5-2:

```
<HTML>
<HEAD>
<title>表单练习 2</title>
</HEAD>
<BODY>
<FORM method="GET" action ="table.asp">
请选择选修的课程: <br>
< INPUT name="a1" type="checkbox">《网络技术》<br>
```

```
<INPUT name="a2" type="checkbox">《文化基础》<br>
<INPUT name="a3" type="checkbox">《大学英语》<br>
<INPUT name="a4" type="checkbox">《名曲欣赏》<br>
请选择上课时间：<br>
<INPUT name="time1" type="radio">《周一晚》<br>
<INPUT name="time1" type="radio">《周二晚》<br>
<INPUT name="time1" type="radio">《周三晚》<br>
<INPUT name="time1" type="radio">《周四晚》<br>
<INPUT type="submit" Value="传 送"><br>
<INPUT type="reset" Value="重 置">
</form><body></html>
```

表单练习例 5-2 显示结果如图 5-3 所示。

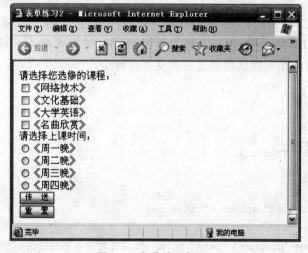

图 5-3　表单练习例 5-2

* 选项选择元素（类似 Windows 中的组合框）。

```
<SELECT name="text">
<OPTION>待选项目 1
<OPTION>待选项目 2
</SELECT>
```

在选项选择元素中，所有可选项目由＜OPTION＞元素逐条列出；通常用下拉式菜单显示。

例 5-3：

```
<HTML>
<HEAD>
<title>表单练习 3</title>
</HEAD>
<BODY>
<FORM method="GET" action ="table.asp">
```

请选择学时：

课程学时：<select name="classhour">

<option>32 学时

<option>48 学时

<option>56 学时

</select>

< INPUT type="submit" Value="传　送">

< INPUT type="reset" Value="重　置">

</form><body></html>

图 5-4　表单练习例 5-3

表单练习例 5-3 显示结果如图 5-4 所示。

- 多行文本输入元素。

```
<TEXTAREA name="text" rows=##cols=##>text</TEXTAREA>
```

类似于<INPUT TYPE="text">标记，但允许多行文本输入。name 属性与
<INPUT>的类似，用行和列属性的数值定义文本输入区域的大小。元素中
text 的值将作为默认内容显示在文本区域中。

例 5-4：

```
<HTML>
<HEAD>
<title>表单练习 4</title>
</HEAD>
<BODY>
<FORM  method="GET" action ="table.asp">
您的建议是：<br>
<textarea name="propose" rows=6 cols=60>请在此输入您的建议</textarea><br>
</select><br><INPUT  type="submit" Value="传　送"><br>
<INPUT  type="reset" Value="重　置">
</form><body></html>
```

表单练习例 5-4 显示结果如图 5-5 所示。

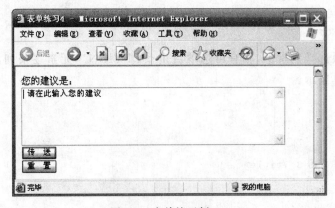

图 5-5　表单练习例 5-4

5.3　ASP 基础知识

WWW 技术是在 Internet 基础上建立的应用技术,主要由服务器、浏览器以及一系列协议组成。Web 技术使用超文本、多媒体等技术,使人们可在网上进行信息浏览和信息发布,它不仅提供了传统的收发电子邮件、阅读电子新闻、下载免费软件、访问各种资源等服务,同时还提供了网上聊天、BBS、讨论组、网上购物等许多新的功能。但早期使用的是一种静态 Web 技术。利用 HTTP 协议的 Web 服务器与浏览器,实现超媒体文本的发布和浏览,当 Web 服务器接收到来自客户机的请求时,进行相应的查询,并将得到的页面(已编写好静态网页)送回给客户机。静态 Web 技术的优点是简单、可靠,但也存在着许多缺陷。如无法支持后台数据库、无法有效地对站点信息进行动态的更新。

为了克服静态 Web 技术的不足,将传统单机环境下的编程技术引入 Internet,与 Web 技术相结合,使得客户端和服务器端可实现动态地、个性化地交流与互动,于是产生了动态 Web 技术。ASP(Active Server Pages)就是常见服务器端的动态网页设计技术的一种。另外还有 PHP 和 JSP 动态网页编程技术。

ASP 技术是 Microsoft 公司推出的 Web 应用程序开发技术,ASP 既不是一种语言,也不是一种开发工具,而是一种服务器端多脚本执行环境,可以将 HTML 页面、脚本命令、ASP 内建对象和 ActiveX 组件无缝地连接起来,以产生并执行交互的、动态的、高性能的 Web 服务器应用程序(ASP 文件)。ASP 文件是在服务器端解释执行的,然后将动态生成的 HTML 页面传递给客户端浏览器。

ASP 的工作过程是用户在客户机浏览器上输入 URL 地址,服务器接受请求并调出相应的页面,送给客户机的浏览器;如果是用户填好的表单并提交 HTTP 请求,将把资料传递给服务器,服务器根据表单的内容调用相应的 ASP 处理程序文件(其扩展名为.asp),在服务器端运行 ASP 文件,分析处理表单输入的资料,如果需要从数据库中得到信息,ASP 通过 Active X 组件(ActiveX Data Object,ADO)和 ODBC 接口与数据库交互,使用查询语言(SQL)从数据库中读取信息,并根据执行结果动态生成 HTML 页面返回给客户机的浏览器端。

5.3.1　ASP 的运行环境

ASP 是基于浏览器/服务器/数据库的结构,其文件可在 Windows XP 的 IIS 支持下运行。IIS 支持 HTTP 协议、FTP 协议以及 SMTP 协议。对于诸如 VBScript、Javascript 之类的脚本,IIS 都提供了强大的本地支持。

当成功安装 IIS 后(详见第 4 章),会自动在当前主机上建一目录 C:\Inetpub\www.root。这就是常说的服务器发布目录,对于一般学习 ASP 编程的人,个人计算机就变成了一台具有 ASP 环境的服务器,只要将动态网页文件(有.asp 扩展名)保存在发布目录下,就可以通过下面的任一方法访问了。

- http://localhost/动态网页名.asp。
- http://127.0.0.1/动态网页名.asp。

• http://IP 地址/动态网页名.asp。

如果是在当前主机的 IE 浏览器地址栏中输入,3 种方法任选其一,如果是在互联网中其他主机上访问服务器,只能选取第 3 种方法。

5.3.2　动态网页建立

建立动态网页的方法有两种:一种是在客户端嵌入脚本语言,另一种是在服务器端嵌入脚本语言。在客户端嵌入脚本语言有很大的局限性,依赖于浏览器支持的脚本语言,如果浏览器使用了不同的脚本语言,就会出现错误,而且各个版本的语言与功能也不尽相同,最主要的问题是它所能实现的功能非常有限。在服务器端嵌入脚本语言不依赖客户端使用的浏览器或者系统平台。为了将 ASP 脚本命令嵌入 HTML 文件中,可采用如下两种方式:

• 使用＜％ 脚本命令 ％＞ ;
• 使用＜script language="vbscript" runat="server"＞ 脚本命令 ＜/script＞。

两种方式的区别是执行时间不同。前者按照 ASP 文本的顺序进行解释执行,后者视使用的语言而定,使用后者可以在同一 ASP 文件中将多种脚本语言混合起来使用。runat="server"指定在服务器端执行。

由于 ASP 文件是纯文本格式的文件,所以编写 ASP 程序不需要特别的工具,只要能够编辑文本的工具即可,因为它不像 VB、VC 那样需要一个编译和连接的过程,常用的开发工具有 FrontPage、Dreamweaver 等。

5.3.3　动态网页实例

在 5.3.2 节介绍的表单练习中,当单击"传送"按钮后,表单将存放"姓名"和"班级"两个变量提交给服务器端的动态网页程序 table.asp 进行处理(这个程序是由表单指定的,请参照前面的表单练习),下面用 FrontPage 来编写 table.asp 如图 5-6 所示。将这个文件保存在发布目录下,同时表单练习文件也必须保存在发布目录下并命名为 lx1.htm。在 IE 浏览器地址栏输入 http://localhost/lx1.htm 后将显示如图 5-2 所示。在姓名文本框中输入杨阳;班级文本框中输入 ACCA。单击"传送"按钮后,浏览器将显示如图 5-7 所示。

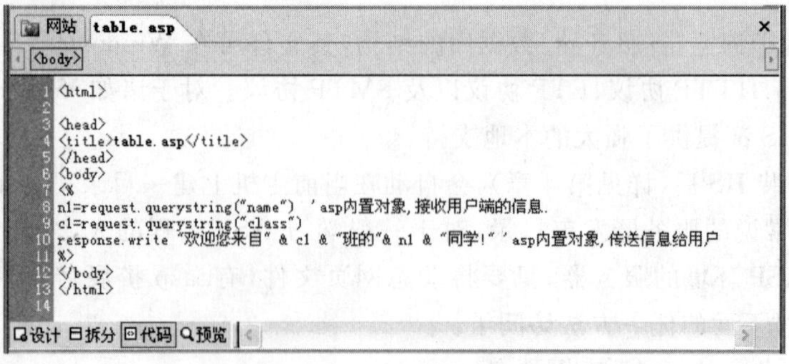

图 5-6　table.asp 动态网页程序

图 5-7　table.asp 动态网页程序执行结果

要知道当前服务器上的日期时，用 FrontPage 编写一 date.asp 动态网页程序如图 5-8 所示。将这个文件保存在发布目录后，在 IE 浏览器地址栏输入 http://localhost/date.asp 后将显示如图 5-9 所示。

图 5-8　显示服务器上的日期

图 5-9　显示当前日期的网页

5.4　VBScrip 简介

所谓脚本语言实际上就是一种用来完成简单任务的小型的编程语言。VBScrip 是一种与 VB 类似的程序设计语言，将其用于 HTML 中，可实现与 ActiveX 控件的交互，使程序员能设计出生动活泼、交互式的 Web 网页和基于 Web 的应用程序。在 ASP 程序中常用的脚本语言有 VBScript 和 JavaScript 等语言，系统的默认语言为 VBScript 语言。

5.4.1　数据类型

在 VBScript，只有一种数据类型，称为 Variant 变量类型。根据使用的方式，可以包含不同类型的信息。Variant 变量中保存的数据类型称为变量的子类型。常见的子类型有字符串、数字、日期、时间、逻辑类型等。

例：

```
Variable="计算机中心"            ;VBScript 会将它当成字符串对待
Variable=3.15                   ;VBScript 会将它当数值对待
Variable=#2009-3-12#            ;VBScript 会将它当成日期对待
Variable=#8:20#                 ;VBScript 会将它当成时间对待
Variable=true                   ;VBScript 会将它当成逻辑真对待
```

5.4.2　常量

常量是具有一定含义的名称，可用于代替数字或字符串，其值保持不变。VBScript
已定义了许多固有常量。可以使用 Const 语句在 VBScript 中创建新的常量。

例：

```
Const MyString="这是一个字符串"
Const MyAge=49
```

请注意字符串文字包含在两个引号(" ")之间。这是区分字符串型常数和数值型常
数的最明显的方法。日期文字和时间文字包含在两个井号(♯)之间。例如：

```
Const CutoffDate =#6-1-97#
```

注：最好采用统一的命名方案以区分常数和变量。这样可以避免在运行脚本时对常
量重新赋值。例如，可以使用"vb"或"con"作常数名的前缀，或将常数名的所有字母大写。
将常数和变量区分开可以在开发复杂的脚本时避免混乱。

5.4.3　变量

变量是一种程序运行中可随时改变的量。例如，可以创建一个名为 ClickCount 的变
量来存储用户单击 Web 页面上某个对象的次数。使用变量并不需要了解变量在计算机
内存中的地址，只要通过变量名引用变量就可以查看或更改变量的值。在 VBScript 中只
有一个基本数据类型，即 Variant，因此所有变量的数据类型都是 Variant。

声明变量的一种方式是使用 Dim 语句、Public 语句和 Private 语句在脚本中显式声
明变量。例如：

```
Dim  Variable
```

声明多个变量时，使用逗号分隔变量。例如：

```
Dim Top, Bottom, Left, Right
```

另一种方式是通过直接在脚本中使用变量名这一简单方式隐式声明变量。这通常不
是一个好习惯，因为这样有时会由于变量名被拼错而导致在运行脚本时出现意外的结果。
因此，最好使用 Option Explicit 语句显式声明所有变量，并将其作为脚本的第一条语句。

变量命名必须遵循 VBScript 的标准命名规则：

- 第一个字符必须是字母。
- 不能包含嵌入的句点。
- 长度不能超过 255 个字符。
- 在被声明的作用域内必须唯一。

变量的作用域由声明它的位置决定。如果在过程中声明变量，则只有该过程中的代
码可以访问或更改变量值，此时变量具有局部作用域并被称为过程级变量。如果在过程
之外声明变量，则该变量可以被脚本中所有过程所识别，称为 Script 级变量，具有脚本级

作用域。变量存在的时间称为存活期。Script 级变量的存活期从被声明的一刻起,直到脚本运行结束。对于过程级变量,其存活期仅是该过程运行的时间,该过程结束后,变量随之消失。在执行过程时,局部变量是理想的临时存储空间。可以在不同过程中使用同名的局部变量,这是因为每个局部变量只能被声明它的过程识别。

给变量赋值时,变量在等号的左边,要赋的值或表达式在等号右边。例如:

```
B=200
C=B+20
```

5.4.4　数组变量

多数情况下,只需为声明的变量赋一个值。有时将多个相关值赋给一个变量更为方便,因此可以创建包含一系列值的变量,称为数组变量。数组变量声明时变量名后面带有括号( )。下例声明了一个包含 11 个元素的一维数组:

```
Dim  B(10)
```

虽然括号中显示的数字是 10,但由于在 VBScript 中所有数组都是基于 0 的,所以这个数组实际上包含 11 个元素。在基于 0 的数组中,数组元素的数目总是括号中显示的数目加 1。这种数组被称为固定大小的数组。

在数组中使用索引为数组的每个元素赋值。从 0 到 10,将数据赋给数组的元素,如下所示:

```
A(0)=256
A(1)=324
A(2)=100
 ⋮
A(10)=55
```

数组并不仅限于一维。数组的维数最大可以为 60(尽管大多数人不能理解超过 3 或 4 的维数)。声明多维数组时用逗号分隔括号中每个表示数组大小的数字。在下例中,MyTable 变量是一个有 6 行和 11 列的二维数组:

```
Dim MyTable(5, 10)
```

在二维数组中,括号中第一个数字表示行的数目,第二个数字表示列的数目。

也可以声明动态数组,即在运行脚本时大小发生变化的数组。对数组的最初声明使用 Dim 语句或 ReDim 语句。但是对于动态数组,括号中不包含任何数字。例如:

```
Dim MyArray()
ReDim AnotherArray()
```

要使用动态数组,必须随后使用 ReDim 确定维数和每一维的大小。在下例中,ReDim 将动态数组的初始大小设置为 25,而后面的 ReDim 语句将数组的大小重新调整为 30,同时使用 Preserve 关键字在重新调整大小时保留数组的内容。

```
ReDim MyArray(25)
    ⋮
ReDim Preserve MyArray(30)
```

重新调整动态数组大小的次数是没有任何限制的,将数组的大小调小时,将会丢失被删除元素的数据。

5.4.5 运算符和表达式

VBScript 的运算符有:算术运算符($\wedge$、$-$、$*$、$/$、$\backslash$、Mod、$+$、$-$)、连接运算符($\&$)、比较运算符($=$、$<>$、$<$、$>$、$<=$、$>=$、Is)和逻辑运算符(Not、And、Or、Xor、Eqv、Imp)。

运算符的优先级关系为:算术运算符、连接运算符、比较运算符和逻辑运算符。所有比较运算符的优先级相同。可使用小圆括号改变这种优先级顺序。

表达式:关键字、运算符、变量和常数(字符串常数、数字常数或对象常数)的组合。表达式可用于执行运算、处理字符或测试数据。

5.4.6 函数

VBScript 提供了许多内部函数供开发人员使用,下面对其中最为常用的函数作简要介绍。

- Asc(string):参数是任意有效的字符串表达式,返回值是与字符串的第一个字母相对应的 ASCII 码。
- CStr(expression):将参数转换为 String 变量形式。
- Trim(string):去除字符串前后的空。
- Cint(expression):将参数转换为 Integer 变量形式。
- Sin(number):返回某个角的正弦值。
- Cos(number):返回某个角的余弦值。
- Int(number):返回数字的整数部分。
- Cdate(expression):将参数转换为 Date 变量形式。
- Chr(charcode):参数是可以标识的数字,返回与指定 ASCII 码相对应的字符。
- Mid(string, start[, length]):从字符串中返回指定数目的字符。
- Left(string, length):返回指定数目的从字符串的左边算起的字符。
- Right(string, length):从字符串右边返回指定数目的字符。
- Len(string):返回字符串内字符的数目。
- Date:返回当前系统日期。
- Time:返回 Date 子类型 Variant,指示当前系统时间。
- Now:根据计算机系统设定的日期和时间返回当前的日期和时间值。
- Year(date):返回一个代表某年的整数。
- Month(date):返回 $1\sim12$ 之间的一个整数,代表一年中的某月。
- Day(date):返回 $1\sim31$ 之间的一个整数,代表某月中的一天。

使用函数时要特别注意函数参数的个数和类型。

5.4.7　过程

在 VBScript 中,为了使程序可重复利用和程序阅读起来简洁明了,经常使用过程。在 VBScript 中,过程有两种,一种是 Sub 子程序,另一种是 Function 函数。

过程和函数是一种能够完成某种功能的脚本模块,可在脚本中被事件处理或被其他语句调用。过程和函数的区别在于过程只执行代码而不返回值,但函数可将值返回给其调用的语句。

- Sub 子程序的语法:

```
Sub 子程序名 (参数 1,参数 2,…)
        语句…
End Sub
```

- 调用子程序:

```
Call 子程序名 (参数 1,参数 2,…)
```

例:下面是一个计算圆面积的子程序,可用 FrontPage 来编写这个 area.asp 程序文件,如图 5-10 所示。将这个文件保存在发布目录下,在 IE 浏览器地址栏输入 http://localhost/area.asp 后将显示计算结果。

- Function 函数的语法:

```
Function 函数名 (参数 1,参数 2,…)
语句…
End Function
```

- 调用函数:

```
变量=函数名 (参数 1,参数 2,…)
```

函数可以像变量一样引用和参与运算。

例:下面是一个计算圆面积的函数,可用 FrontPage 来编写这个 farea.asp 程序文件,如图 5-11 所示。将这个文件保存在发布目录下,在 IE 浏览器地址栏输入 http://localhost/farea.asp 后将显示计算结果。

图 5-10　计算圆面积的子程序

图 5-11　计算圆面积的函数

5.4.8　条件语句

使用条件语句可以编写具有判断结构的程序。如在 ASP 的程序中,常常需要对用户输入的信息进行判断,当用户注册登录时,判断用户填写的信息是否齐全、密码是否正确等,此时就需要用到条件语句。在 VBScript 中可使用两种条件语句。

(1) if　条件 then
　　　　语句…
　　else
　　　　语句…
　　end if

例：在 5.4.7 节表单程序 table. asp 中加入一条 if 条件语句,如果不是"ACCA"班的同学,将显示另一条信息。用 FrontPage 完成这个程序文件,如图 5-12 所示。

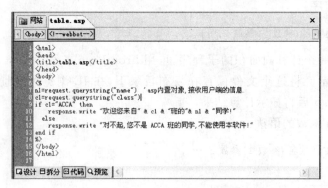

图 5-12　在 table. asp 中加入一条 if 条件语句

(2) select case 变量
　　case 变量
　　　　语句…
　　case 变量
　　　　语句…
　　case else
　　end select

例：在 5.4.7 节表单程序 table. asp 中加入一条 select case 条件语句,如果不是"ACCA"班或"COMPUTER"班的同学,将显示欢迎来自其他班的同学的信息。用 FrontPage 完成这个程序文件,如图 5-13 所示。

5.4.9　循环语句

循环语句是非常重要的语句,通常用于重复执行一组语句,比如累加或从数据库中依次读出多条记录。在 VBScript 中,常用的循环语句有:

- for 循环变量＝初值 to 终值 [step 步长]
　　　　语句…
　　next

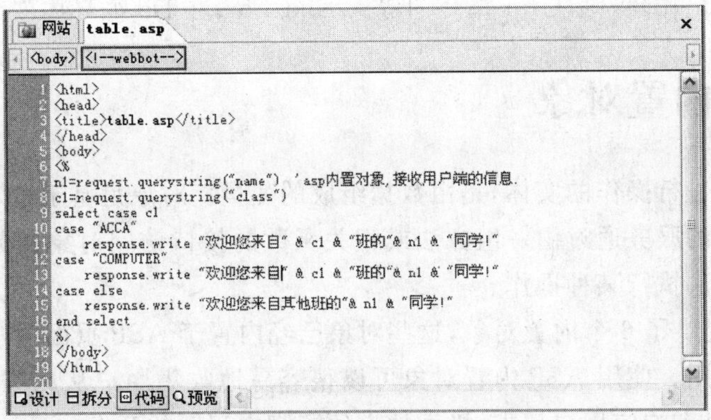

图 5-13　在 table.asp 中加入 select case 条件语句

例：计算 1～100 的和，用 FrontPage 完成这个程序文件，如图 5-14 所示。

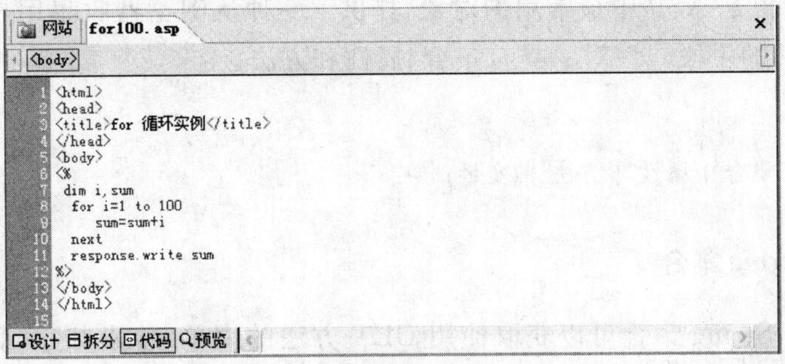

图 5-14　for 循环实例

- Do While 条件表达式

　　语句…

Loop

例：我国有 13 亿人口，按人口年增长 0.8% 计算，多少年后我国人口超过 26 亿。用 FrontPage 完成这个程序文件，如图 5-15 所示。

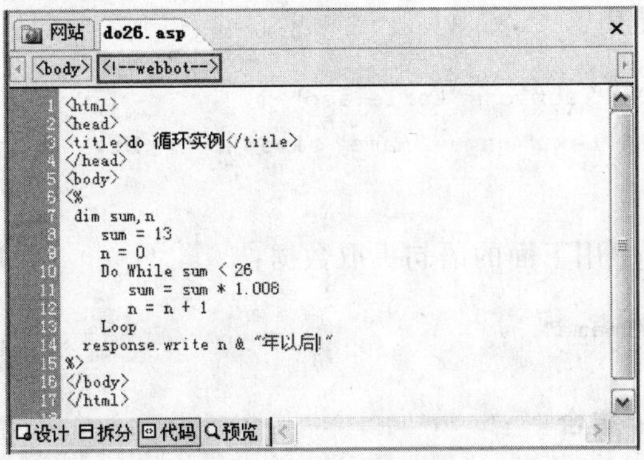

图 5-15　do 循环实例

如果强行退出循环,则在 for 循环内嵌入 Exit For;在 Do 循环内嵌入 Exit Do。

5.5　ASP 内置对象

对象是可以进行操作的实体,是由数据组成的变量。对象是基于特定模型的,在对象中客户使用对象的服务通过由一组方法或相关函数的接口访问对象的数据,然后客户端可以调用这些方法执行某种操作。

在 ASP 中提供了 6 个内置对象,这些对象已经内置于 ASP 页面中,不需要创建其实例就可以直接使用。使用 ASP 内置对象可以很容易地收集用户从浏览器发出的请求信息、存储用户信息和响应用户请求,极大地方便了脚本程序的开发。

5.5.1　Request 对象

Request 对象是 ASP 中最常用的对象,提供了一种从浏览器收集用户所发出请求信息的方便而灵活的手段。该对象具有集合、属性和方法。

语法:

Request [. 集合 ｜属性 ｜方法](变量)

1. QueryString 集合

通过 QueryString 集合可以获取使用 GET 方法的表单,检索邮送到 HTTP 请求中的查询字符串,该查询字符串包括变量名和变量值。

例:n1＝request. querystring("name")见 5.3.3 节动态网页实例。

2. Form 集合

Form 集合通过使用 POST 方法的表单,检索邮送到 HTTP 请求正文中的表格元素的值。当用户使用表单请求页面时,表单中用户输入的数据就会发送给服务器,这时可通过 Form 集合分别将表单中每个域的数据提取出来。

例:如果表单中使用:

```
<form method="POST" action="table.asp">
姓名:<input type="text" name="name" size="10"><br>
…
```

那么在 table. asp 中用下面的语句提取数据:

```
n1=request.form("name")
```

3. ServerVariables 集合

当浏览器向服务器提交请求信息时,不但含有环境信息,而且含有 HTTP 头信息,通过 ServerVariables 集合可获取这些信息,以便定制反馈给浏览器的信息。

例：下面程序将获取来访者的 IP 地址并回显。

```
<html>
<head>
<title>IP 测试</title>
</head>
<body>
<%
dim pp
pp=request.ServerVariables("remote_addr")
response.write "欢迎您来自" & pp & "的朋友！"
%>
</body>
</html>
```

4. Cookies 集合

Cookie 文件是在客户端保存的一个文本文件，该文件用于存储来自网站的数据。当使用 Response 对象将信息写入 Cookie 文件后，可通过 Request 对象的 Cookies 集合将其取出，这是实现多个页面之间共享信息的一种有效方法。

5.5.2　Response 对象

与 Request 对象的作用相反，Response 对象的作用是控制发送给客户端的信息。包括直接发送信息给浏览器、重定向浏览器到另一个 URL 或设置 cookie 的值。

语法：

```
Response [.集合|属性|方法]
```

1. Write 方法

最常用的方法之一，可将指定的字符串输出到浏览器，不过其功能并不限于输出字符串，实际上可输出所有符合 VBScript 的数据类型。例如要向浏览器输出当前的时间，可使用如下语句：＜％Response. write now％＞。

2. Redirect 方法

Redirect 方法使浏览器立即重定向到程序指定的 URL。这也是一个经常用到的方法，这样程序员就可以根据客户的不同响应，为不同的客户指定不同的页面或根据不同的情况指定不同的页面。Redirect 方法发送下列显式标题，其中 URL 是传递给该方法的值。

例：重定向到西安交通大学主页：＜％ Response. redirect（" www. xjtu. edu. cn"）％＞。

3. End 方法

End 方法可使 Web 服务器停止脚本的执行，直接将缓冲区的当前结果发送给客户，文件的其他内容将不会被处理。

4. Cookies 集合

Cookies 集合设置 cookie 的值。若指定的 cookie 不存在,则创建它。若存在,则设置新的值并且将旧值删去。

例:将用户在页面上填入的姓名保存到 Cookie 中,然后进行显示。

```
<%nickname=request.form("nick")
response.cookies("nick")=nickname
response.write "欢迎" & request.cookies("nick") & "使用本网站!"%>
<html><head><title>cookie</title></head><body>
<form method="post" action="cookie.asp">
<p>
<input type="text" name="nick" siaq="20">
<input type="submit" value="发送" name="b1">
<input type="reset" value="重填" name="b2">
</p>
</form></body></html>
```

5.5.3　Session 对象

Session 对象的主要功能是存储每个用户的特定信息。在应用程序的页面之间跳转时,存储在 Session 对象中的信息不会被清除,所以 Session 对象可以在 ASP 各个页面之间实现信息共享。

使用 Session 对象创建变量的一般语法:

```
Session("变量名")=值
```

引用 Session 对象的变量,获取其值的语句为:

```
变量=Session("变量名")
```

Timeout 属性以分钟为单位为该应用程序的 Session 对象指定超时时限。如果用户在该超时时限之内不刷新或请求网页,则该会话将终止。

例:

```
<%Session.Timeout=30%>
```

改为 30 分钟。

Session 对象只有一个 Abandon 方法,该方法用于删除所有存储在 Session 对象中的对象并释放这些对象的资源。

例:

```
<%Session.Abandon%>
```

Session 对象到期后(默认为 20 分钟)会自动清除,但到期前可以用 Abandon 方法强行清除。

5.5.4　Application 对象

Application 的使用也是比较简单的,可以把变量或字符串等信息很容易地保存,使用 Application 对象创建变量的一般语法如下:

```
Application("变量名")=值
```

引用 Application 对象的变量,获取其值的语句为:

```
变量=Application("变量名")
```

5.5.5　Server 对象

Server 对象提供对服务器上的方法和属性的访问,其中大多数方法和属性是作为实用程序的功能服务的。

Server. CreateObject 恐怕是 ASP 中最为实用,也是最强劲的功能了,用于创建已经注册到服务器上的 ActiveX 组件实例。这是一个非常重要的特性,因为通过使用 ActiveX 组件能够轻松地扩展 ActiveX 的能力,正是使用了 ActiveX 组件,可以实现至关重要的功能,譬如数据库连接、文件访问、广告显示和其他 VBScript 不能提供或不能简单地依靠单独使用 ActiveX 所能完成的功能。正是因为这些组件才使 ASP 具有了强大的生命力。

其语法如下:

```
Server.CreateObject(ActiveX 组件)
```

要使用组件提供的对象,请创建对象的实例并将这个新的实例分配变量名。使用 ASP 的 Server. CreateObject 方法可以创建对象的实例,使用脚本语言的变量分配指令可以为对象实例命名。

例如:

```
<%Set db=Server.CreateObject("ADODB.Connection")%>
```

建立数据库实例。

5.5.6　Objectcontext 对象

该对象用于控制 ASP 的事务处理。事务处理由 Microsoft Transaction Server (MTS)管理。

5.6　连接 Access 数据库

制作个人网站时以 Microsoft Access 作为后台数据库,比较简单实用,而要使 ASP 能访问该数据库,首先必须创建并打开与数据库的连接,常用如下语句:

```
<%
```

```
set conn=server.createobject("adodb.connection")
conn.open "driver={microsoft access driver(*.mdb)};dbq="&server.mappath("数据
库名.mdb")
exec="select * from 表名"
set rs=server.createobject("adodb.recordset")
rs.open exec,conn,1,1
%>
```

第一句建立了一个数据库连接实例,第二句连接了数据库,当连接不同的数据库时,只要修改后面的数据库名就可以了。第三句设置查询数据库的 SQL 命令,select 后面加的是字段,如果全部要查询的话就用 *,from 后面再加上数据库中表的名字。第四句定义一个记录集组件,所有搜索到的记录都放在这里面,第五句是打开这个记录集,exec 就是前面定义的查询命令,conn 就是前面定义的数据库连接实例,后面参数"1,1",这是读取,设置后面参数为"1,3"就是新增、修改或删除。

在编写 ASP 应用程序时用来进行数据库操作的标准语言正是 SQL,而用于表达 SQL 查询的 select 语句则是功能最强也是最为复杂的 SQL 语句,从数据库中检索数据,并将查询结果提供给用户。用于修改数据库内容的 SQL 语句还有:Insert,向一个表中加入新的记录;Delete,从一个表中删除记录;Update,更改数据库中已经存在的数据。

下面通过 Access 建立一个名为 xsgl.mdb 的学生管理数据库,该库中创建了一个叫 CJ 的成绩表,在该表中有 5 个字段分别是学号、姓名、数学、物理、化学,并已输入 8 条记录,如图 5-16 所示。

例 5-5:显示 CJ 表中的全部记录。

将下面的程序用 Frontpage 录入,命名为 cjxs.asp,将这个文件保存在发布目录后,在 IE 浏览器地址栏输入 http://localhost/cjxs.asp 后将显示如图 5-17 所示记录。

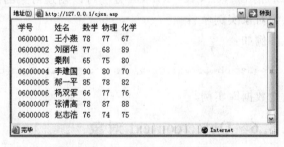

图 5-16　CJ 成绩表　　　　　　　　图 5-17　显示 CJ 表中的全部记录

```
<%@ Language=VBscript%>
<%
set conn=server.createobject("adodb.connection")
conn.open "driver={microsoft access driver(*.mdb)};dbq="&server.mappath
("xsgl.mdb")
exec="select * from cj"
set rs=server.createobject("adodb.recordset")
rs.open exec,conn,1,1
```

```
%>
<table width="50%" border="0">
<tr>
<td>学号</td>
<td>姓名</td>
<td>数学</td>
<td>物理</td>
<td>化学</td>
</tr>
<%do while not rs.eof%><tr>
<td><%=rs("XH")%></td>
<td><%=rs("XM")%></td>
<td><%=rs("SX")%></td>
<td><%=rs("WL")%></td>
<td><%=rs("HX")%></td>
</tr>
<%
rs.movenext
loop
%>
```

例 5-6：给 CJ 表中添加记录。

要向表中添加记录，需要一表单接受数据，然后通过后台处理程序将表单中的数据填入数据库的表中。将下面的程序用 Frontpage 录入，命名为 cjsr.htm，在这个表单中 action＝"cjsr.asp"。将这个文件保存在发布目录后，在 IE 浏览器地址栏输入 http://localhost/cjsr.htm 后将显示如图 5-18 所示表单。

图 5-18　向 CJ 表中添加记录的表单

```
<html>
<head>
<meta http-equiv="Content-Type" content="text/html; charset=gb2312">
<title>成绩输入</title>
</head>
<body>
请输入以下内容：
<form name="form1" method="post" action="cjsr.asp">
<p>学号：<input type="text" name="xh" size="8"><br>
姓名：<input type="text" name="xm" size="8"><br>
数学：<input type="text" name="sx" size="2"><br>
物理：<input type="text" name="wl" size="2"><br>
化学：<input type="text" name="hx" size="2"><br>
<input type="submit" name="Submit" value="提交">
<input type="reset" name="Submit2" value="重置">
```

```
</p>
</form>
</body>
</html>
```

将下面的程序用 Frontpage 录入,命名为 cjsr. asp。将这个文件保存在发布目录,当完成图 5-18 中表单中的数据后,单击"提交"按钮,cjsr. asp 程序完成将表单中的数据填入 CJ 表中。是否添加成功,可以调用 cjxs. asp 程序核查。

```
<%@ Language=VBscript%>
<HTML>
<HEAD><TITLE>添加记录</TITLE></HEAD>
<BODY BgColor=#FFFFFF>
<Center><H2>
<%
set conn=server.createobject("adodb.connection")
conn.open " driver = {microsoft access driver ( * .mdb)};dbq=" &server. mappath
("xsgl.mdb")
xh1=request.form("xh")
xm1=request.form("xm")
sx1=request.form("sx")
wl1=request.form("wl")
hx1=request.form("hx")
exec="insert into cj(xh,xm,sx,wl,hx)values('"+xh1+"','"+xm1+"',"+sx1+","+wl1
+","+hx1+")"
conn.execute exec
conn.close
set conn=nothing
response.write "记录添加成功!"
%>
```

例 5-7:修改 CJ 表中的记录。

修改表中的记录,稍复杂一些,首先需要一表单指定学号,程序如下:

```
<html>
<head>
<meta http-equiv="Content-Type" content="text/html; charset=gb2312">
<title>成绩修改</title>
</head>
<body>
<form name="form2"  method="post" action="cjx1.asp">
请输入要修改学生的学号:
<p>学号:<input type="text" name="xh" size="8"><br>
<input type="submit" name="Submit" value="提交">
</form>
```

```
</body>
</html>
```

　　然后通过表单处理程序(cjx1.asp)进行判断指定学号是否为空和是否存在,如果存在就将这个记录取出并显示全部字段内容在一个表单中,如果为空或不存在,将返回cjxg.htm请重新输入学号,程序如下:

```
<%@ Language=VBscript%>
<%
if request.form("xh")="" then
    response.redirect("cjxg.htm")
end if
set conn=server.createobject("adodb.connection")
conn.open " driver = {microsoft access driver ( * . mdb)}; dbq =" &server. mappath
("xsgl.mdb")
exec="select * from cj where cstr(xh)="&request.form("xh")
response.write request.form("xh")
set rs=server.createobject("adodb.recordset")
rs.open exec,conn,1,1
if rs.eof then
  response.redirect("cjxg.htm")
end if
%>
请输入以下内容
<form name="form1" method="post" action="cjxg.asp">
学号: <input type="text" name="xh" size="8" value="<%=rs("xh")%>"><br>
姓名: <input type="text" name="xm" size="8" value="<%=rs("xm")%>"><br>
数学: <input type="text" name="sx" size="2" value="<%=rs("sx")%>"><br>
物理: <input type="text" name="wl" size="2" value="<%=rs("wl")%>"><br>
化学: <input type="text" name="hx" size="2" value="<%=rs("hx")%>"><br>
<input type="submit" name="Submit" value="提交">
<input type="reset" name="Submit2" value="重置">
</form>
```

　　完成修改后提交,由另一表单处理程序 cjxg. asp 进行更新。将下面的程序用Frontpage 录入并保存在发布目录。

```
<%@ Language=VBscript%>
<%
set conn=server.createobject("adodb.connection")
conn.open " driver = {microsoft access driver ( * . mdb)}; dbq =" &server. mappath
("xsgl.mdb")
exec="select * from cj where cstr(xh)="&request.form("xh")
set rs=server.createobject("adodb.recordset")
rs.open exec,conn,1,3
rs("xh")=request.form("xh")
```

```
rs("xm")=request.form("xm")
rs("sx")=request.form("sx")
rs("wl")=request.form("wl")
rs("hx")=request.form("hx")
rs.update
rs.close
set rs=nothing
conn.close
set conn=nothing
response.write "修改完成!"
%>
```

例 5-8：删除 CJ 表中的记录。

删除表中的记录必须首先在一表单中指定学号，程序如下：

```
<html>
<head>
<meta http-equiv="Content-Type" content="text/html; charset=gb2312">
<title>删除记录</title>
</head>
<body>
<form name="form2"  method="post" action="cjx1.asp">
请输入要删除学生的学号：
<p>学号：<input type="text" name="xh" size="8"><br>
<input type="submit" name="Submit" value="提交">
</form>
</body>
</html>
```

然后通过表单处理程序(cjsc.asp)完成删除，程序如下：

```
<%@ Language=VBscript%>
<%
set conn=server.createobject("adodb.connection")
conn.open " driver = {microsoft access driver ( * . mdb)}; dbq=" &server. mappath
("xsgl.mdb")
excea="delete * from cj where cstr(xh)="&request.form("xh")
conn.execute excea
response.write "删除完成!"
%>
```

本章小结

本章重点介绍了 HTML 超文本标记语言基本概念，一个 HTML 文档的结构和常用元素，静态网页和动态网页的区别，如何使用 VBScrip 语言在 ASP 环境下完成动态网页的编写。最后简单介绍了如何利用 ASP 的内置对象连接 Access 数据库,并且完成对数据库中记录的添加、修改、删除和显示。

习题

判断题:

1. HTML 语言的标记码是区分文本各个组成部分的分界符。

　A. 对　　　　　　　B. 错

2. HTML 语言中的<HEAD>…</HEAD>标记码的作用是通知浏览器该文件含有 HTML 标记码。

　A. 对　　　　　　　B. 错

3. Web 浏览器自身能解释声音和视频文件。

　A. 对　　　　　　　B. 错

4. <FONT>…</FONT>是用于设置所包含文本的"字体"、"大小"、"颜色"等的标记。

　A. 对　　　　　　　B. 错

5. 在 Web 上常用的图像格式只包括 GIF、JPEG 格式。

　A. 对　　　　　　　B. 错

6. 表单是一个容器,只有在表单中添加了表单对象后才能使用。

　A. 对　　　　　　　B. 错

7. 设置了默认脚本语言的 ASP 文件中不能再使用其他脚本。

　A. 对　　　　　　　B. 错

8. 在 VBScript 中,过程被分为两类:子程序过程和函数过程。

　A. 对　　　　　　　B. 错

9. 开发 ASP 网页所使用的脚本语言只能是 VBScript。

　A. 对　　　　　　　B. 错

单选题:

1. HTML 的标记码是由成对的标记组成,书写格式为(　　)。

　A. </标记>内容</标记>　　　　　　B. </标记>内容<标记>

　C. <标记>内容<标记>　　　　　　 D. <标记>内容</标记>

2. HTML 语言中<HTML>标记是通知浏览器该文件含有(　　)。

　A. 网页标题　　　B. HTML 标记码　　　C. 超链接信息　　　D. 图形

3. 设置网页标题的标记码为(　　),每一个都有一个标题,因此应该首先输入。

　A. <HTAD>网页标题</HEAD>

　B. <TABLE>网页标题</TABLE>

　C. <TITLE>网页标题</TITLE>

D. <body>网页标题</body>

4. Web 浏览器要播放声音和视频文件必须把这些文件作为一个超链接中的(　　)。

　　A. 文件名　　　　　B. URL　　　　　　C. 链接文本　　　　　D. 链接图像

5. 标记<TEXTAREA>…<TEXTAREA>定义一个(　　)。

　　A. 表单　　　　　　B. 单行文本框　　　C. 多行文本框　　　D. 表格

6. 插入水平线标记是(　　)。

　　A.
　　　　　　B.
…</BR>

　　C. <HB>　　　　　　D. <HR>

7. FrontPage 是一款专业的可视化(　　)。

　　A. 文字处理软件　　　　　　　　　　B. 网页编辑软件

　　C. 动画制作软件　　　　　　　　　　D. 图像处理软件

8. 执行完 a="6" 语句后,a 是(　　)类型。

　　A. 字符串型　　　　B. 日期型　　　　　C. 数值型　　　　　D. 布尔型

9. 在 VBScript 中,(　　)循环语句指定循环次数,使用计数器重复运行语句。

　　A. Do…Loop　　　　　　　　　　　　B. While

　　C. For…Next　　　　　　　　　　　　D. For Each…Next

10. 下面(　　)服务器变量报头信息包含了发出请求的远端主机的 IP 地址。

　　A. SERVER_NAME　　　　　　　　　B. PATH_TRANSLATED

　　C. REMOTE_ADDR　　　　　　　　　D. REMOTE-HOST

11. 安装 Web 服务器程序后,在地址栏输入(　　),可以访问站点默认文档。

　　A. 服务器的 IP 地址

　　B. 服务器所在计算机的名称

　　C. 如果是在服务器所在的计算机上,直接输入 http://127.0.0.1

　　D. 以上全都是对的

12. 若要停止 ASP 程序的执行并将存在缓冲区的数据传送至浏览器端,可以使用的方法是(　　)。

　　A. clear　　　　　　B. Flush　　　　　　C. End　　　　　　D. Write

13. 关于 HTML 文件说法正确的是(　　)。

　　A. HTML 标记都必须配对使用

　　B. 在<title>和</title>标签之间的是头信息

　　C. HTML 标签是与大小写无关的,<b>跟<B>表示的意思是一样的

　　D. 在<u>和</u>标签之间的文本会以加粗字体显示

14. 关于 For…Next 语句,下面说法错误的是(　　)。

　　A. 可以在循环中的任何位置放置一个 Exit For 语句

　　B. step 的值必须是正数,默认为 1

　　C. For i = 1 To 15 Step 4,这一行说明循环体最多可以执行 4 次

　　D. 计数变量 I 可以是变量或表达式

15. 在 VBScript 中,下列运算符优先级最高的是(　　)。

A. 求余运算(Mod)

B. 负数(一)

C. 乘法和除法(* ,/)

D. 字符串连接(&)

编程题：

1. 输入两个数 x 和 y,输出较大的数。

2. 利用 FOR 循环显示 1000 以内所有能被 37 整除的自然数。

3. 建立个人站点,用 Access 建立数据库并新建一通信录表,段分别是姓名、单位、电话。用 ASP 编程能够完成输入、显示通信录内容的功能。

第6章

网络多媒体应用

随着 Internet 的迅速发展，人们已经不满足于在网络上传输简单的文本图像信息。更加丰富的多媒体信息，特别是视频和音频，已经开始在互联网上普及。通过网络传输视频和音频连续媒体数据为人们呈现出一个极具吸引力的信息交流环境。为了适应这种新的需求，各种编码和新的技术在不断推出，目前流媒体技术、P2P 技术、FLV 格式已普遍地应用于网络中。

6.1　流媒体技术

流媒体的英文名称为 StreamMedia，其实就是一种流式媒体。它实现的是将传统媒体网络化，并通过网上点播的形式播放给浏览者。流媒体的播放方式不同于网上下载，网上下载需要将音视频文件下载到本地机后再播放，而流媒体可以实现边下载边观看，这就是流媒体的特点所在。

随着宽带技术的发展，流媒体技术被广泛地运用到网页中，成功实现了网上点播、在线视听、网上直播等。当前流媒体应用平台有三种：

- RealNetworks 公司开发的一整套流式音视频解决方案，也是现今最流行，被广泛使用的流媒体技术。
- WindowsMedia 美国微软公司开发的流式音视频解决方案。
- QuickTime 苹果公司开发的流式音视频解决方案。

后两者在网络上使用率不是很高，这里就以 Real 公司的流媒体技术来实现网上的在线视听。Real 流媒体技术的实现基础是需要 3 个软件的支持。

- RealServer 服务器
- RealProducer 编辑器
- RealPlayer 播放器

下面分别来介绍这 3 个软件。

6.1.1　建立 Helix Server

Helix Server 软件既可从官方网站下载，也可以从国内许多知名软件网站获得。当然只需要注册，就可以获得一个免费试用的授权。当正常完成 Helix Server 软件安装后，双击桌面上的 Helix Server 软件图标,正常的话应该出现 DOS 窗口,不要关闭这个窗口。这样就建立了流媒体服务器。

　　RealServer 是整个流媒体应用平台的核心软件,通过 RealServer 的建立,可以使浏览者访问服务器上的影音文件,由此实现网上在线视听。Real 公司的流媒体服务器软件,其最新版本为 Helix Server。它提供了对 RM、RMVB、FLASH、RP/RT、MPEG-1、MPEG-4、QuickTime、ASF/WMA 等几乎所有流行的流媒体格式文件的支持。下面介绍如何在 Windows XP 中建立、配置与管理 Helix Server 流媒体服务器。

6.1.2　配置 Helix Server

　　双击桌面上新出现的"Helix Server 管理员"图标,输入已经设定的用户名和密码,将打开管理界面,如图 6-1 所示。

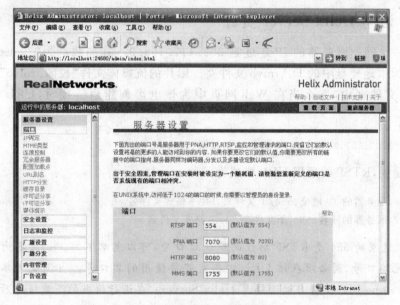

图 6-1　流媒体服务器设置窗口

　　在 Helix Server 安装完成后,并不能立即提供视频点播服务。首先必须要为其绑定 IP 地址,才可以访问到它。另外,由于默认主目录(即安装目录)为系统分区,还应当将它修改为其他磁盘容量更大的数据分区才行。

- 修改端口。通常情况下,无须修改该端口。保留它们的默认设置将使更多的人能访问到你的内容。除非是在 Helix Server 端口与其他服务端口发生冲突的情况下,单击某一端口的文本框进行修改。在端口值修改完后,单击其中的"应用"按钮,将显示配置修改提示对话框,单击"关闭"按钮以关闭该提示框。
- IP 绑定。如果服务器有多个 IP,那就必须绑定对外服务的 IP 地址;如果想要多个 IP 地址都可应用于服务,那就绑定 0.0.0.0,这代表所有 IP。此项服务在更改后需要重启服务器。
- 配置加载点。要想成功地对外服务,让客户端能访问到媒体文件,就必须设置好加载点,加载点也就是服务器的媒体文件的存放文件夹。系统默认的已有 3 个加载点,增加新的加载点方法是单击＋号,生成一个新的加载点,加载点描述可以随意;加载点内容可以以媒体类型来写。例如加载文件夹存放的都是 rmvb 文件,那就可以写/video/,必须用符号"/"标记开始和结束;基于路径是媒体文件存放于计算机的 D 盘的 rmvb 文件夹中,那么就应该写"D:\rmvb",基于路径位置选择"本地",被共享服务器缓存,选择"YES"。这样设置后,如果想点播 D:\rmvb里的媒体,连接就应该写 rtsp://127.0.0.1:554/video/*.rmvb。此项设置需重启服务器才能生效,如果还想增加别的加载点,以此类推,单击页面上方的"重启服务器"按钮,在这里将提示有若干个用户连接到该服务器,重新启动服务器将终止当前的所有连接。然后单击"确定"按钮,可强行重新启动 Real 服务,在这里提示管理员 Real 服务将在 20 秒钟后返回。

6.1.3 访问 Helix Server 资源

假设一个网站服务器的 IP 地址是 202.117.165.37,其加载点为"/video/",基于路径位置为本地硬盘中的 D:\rmvb 文件夹。影片的流媒体文件"校园.rmvb"位于 D:\rmvb\8 子文件夹中,那么当在 Web 网页中为该电影创建超链接时,URL 的地址应当是:

rtsp://202.117.165.37:554/video/8/校园.rmvb

也就是说,RTSP 的通用 URL 格式为:

rtsp://服务器的 IP 地址:554/子文件夹/RMVB 格式文件名
rtsp://服务器的域名:554/子文件夹/RMVB 格式文件名

注意:这里的 554 是 RTSP 协议的默认端口号,可以忽略不写。如果要为 RTSP 协议指定其他端口号,则必须在该 URL 中指定将要使用的端口号。当浏览者单击相关超链接时,Realone Player 将自动连接至 Helix Server。在进行适当的下载缓存后即开始播放,从而实现视频点播的目的。

另外,由于 Helix Server 同时还支持 MMS 协议,所以可以同时支持 ASF、WMV、WMA 和 MP3 文件的播放。当然这些流媒体文件也与 RMVB 格式文件一样,必须保存在装载点所在的文件夹中。在实现视频点播时,必须要使用 MMS 协议。例如,某影片的流媒体文件 y01.wmv 位于 D:\rmvb\xy 子文件夹,那么当在 Web 网页中为该电影创建超链接时,URL 应当是 mms://202.117.165.37:1755/video/xy/y01.wmv。也就是说,MMS 的通用 URL 格式为:

mms://服务器的 IP 地址:1755/子文件夹/流媒体文件名
mms://服务器的域名:1755/子文件夹/流媒体文件名

注意:MMS 默认的端口号为 1755。如果使用的是 MMS 协议默认端口号,可以忽略不写。如果在配置中修改了该端口号,则必须在 URL 中进行指定。还有当用 MMS 协议点播 ASF、WMV、WMA 格式时,客户端最好调用 Windows Media Player 播放器,播放时

才能顺畅。所以,要对客户端 Realone Player 播放器进行设置,通过"工具"|"首选项"|"媒体类型"菜单命令打开媒体类型设置对话框,选择"手动设置媒体类型"菜单命令打开选择对话框如图 6-2 所示。最简单的方法是单击"取消所有选择"命令后单击"确定"按钮完成设置。在使用 MMS 协议时,Realone Player 播放器就不会被打开。

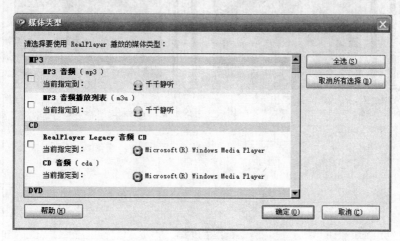

图 6-2　Realone Player 播放器设置窗口

6.1.4　RealProducer

RealProducer 是一款编辑制作 Real 特有文件格式的软件,通常下载到的 *.rm, *.ra, *.ram 文件都是通过这个软件从原始的影音文件转换过来的,RealProducer 无疑是一款最好的转化软件。它还有一个最大特点,也是做 Real 服务器必需的,就是可以将影音文件转化成多流的影音文件,这种文件是可以根据浏览者的网速而传送不同质量的影音文件。

RealProducer plus 11 由 Real 公司官方出品的新一代 Real 格式音频、视频文件制作软件,支持 Real8、Real9 和 Real10 格式。还可以对压缩的 Real 格式文件进行剪裁、设定多种采样率等,是最专业、最强大的 Real 格式媒体制作工具,而且即使是新手也非常容易上手。附带的 Real 媒体编辑器更是可以切割、合并 Real 媒体文件或修改剪辑信息,都很方便。其压缩速度不是最快的,但压缩质量是非常好的。

1. 启动 RealProducer

正常安装了这个软件后,在桌面上双击 RealProducer Plus 图标,就会启动 RealProducer,如图 6-3 所示。

2. 文件转换

通过"文件"|"打开输入文件"菜单命令或单击"浏览"按钮,打开输入文件对话框,选取要转换的文件后,单击"打开"按钮,将在输入文件文本框中显示文件名并在输入窗口中显示当前选定的文件图像(假如是视频)。同时在输出窗口的下面(输出目标区域)出现一

图 6-3　RealProducer Plus 11 启动后的窗口

和输入文件同名,但扩展名为 rv 的文件。双击这个输出文件名,可打开"另存为"对话框,可以重新设置输出的路径、文件名和扩展名。

　　单击"接收方式"命令,打开接收方式对话框如图 6-4 所示。在这里可以选择多个不同的接收方式模板,使浏览者依据网速情况而接收不同质量的影音文件。选择完成后关闭该对话框。最后单击"编码"按钮开始转换。

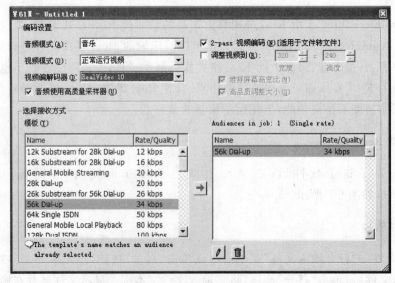

图 6-4　接收方式对话框

3. 编辑 Realmedia 文件

需要对转换的文件重新编辑时,可通过"文件"|"编辑 Realmedia 文件"菜单命令,打开 RealMedia Editor 窗口,如图 6-5 所示。用这个软件可以完成切割、合并等操作。

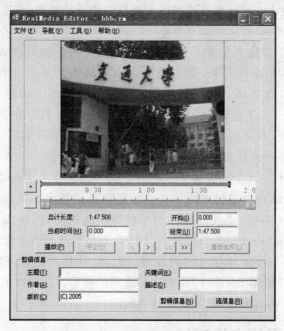

图 6-5　RealMedia Editor 窗口

单击"播放"按钮后,通过视窗来确定所需视频的剪辑。当然要准确定位,请灵活运用上一个编辑点"＜"和下一个编辑点"＞"按钮,上一个关键帧"＜＜"和下一个关键帧"＞＞"按钮,并且用"开始"和"结束"按钮确定位置。最后通过"文件"|"Realmedia 文件另存为"菜单命令,将选择的视频片段保存。

当需要将一个视频文件合并到当前打开的视频文件后面时,通过"文件"|"追加 Realmedia 文件"菜单命令选择这个文件,单击"打开"按钮后将完成合并(注:合并的两文件格式应保持一致)。

6.1.5　RealPlayer

RealPlayer 是众所周知的软件,从早期的 RealPlayer 发展到 RealPlayer 9.0,现在已经升级到 RealOne 和 RealOnePlayerGold 版本,并且有较好的影音质量,包括主流格式支持、超低内存占用、一键快速下载并保存在线视频、刻录 CD 等专业级领先服务与体验。

6.2　P2P 技术

P2P 是 peer-to-peer 的缩写,peer 在英语里有"同事"和"伙伴"等意义。这样 P2P 也就可以理解为"伙伴对伙伴"的意思,或称为对等联网。目前人们认为其在加强网络上交流、文件交换、分布计算等方面大有前途。

简单地说，P2P 直接将人们联系起来，让人们通过互联网直接交互。P2P 使得网络上的沟通变得容易、更直接地进行共享和交互，真正地消除中间商。P2P 就是可以直接连接到其他用户的计算机、交换文件，而不是像过去那样连接到服务器去浏览与下载。P2P 另一个重要特点是改变 Internet 现在这样以大网站为中心的状态、重返"非中心化"，并把权力交还给用户。

Server 方式有许多技术弊端。一个最主要的问题就是资源无法得到充分利用。Internet 最大的特点是全球互联，最大的资源拥有群不是 Server 而是 Client。可以说 Client 才是 Internet 的主体。有资料统计，全球 Server 提供的资源加在一起还不足 Internet 资源总量的 1%。也就是说最多最好的资源实际上是存在于每一个人的 PC 中。随着硬件水平的发展，现在的 PC 无论是性能还是功能已经远远超越了原先对 PC 的定义。许多 PC 可以提供大容量的存储能力和高速的计算能力。人们迫切希望能打破 Server 的垄断，在 Internet 上拥有属于自己的空间。P2P 技术正是基于这个目标而诞生的，是基于 P2P 拓扑结构发展起来的一项新型网络通信技术。从诞生之日起，P2P 的宗旨就是要打破 Server 垄断，提供 Server 所不能提供的功能，弥补 Server 的不足，并充分利用和丰富现有的 Internet 资源。也就是说 P2P 不是要从根本上废除 Server，在相当长的一段时间内，会与 Server 并存而共同发展。因此，从技术上讲，P2P 技术一般是基于 TCP/IP 协议的，并且借鉴 Server 应用中许多成熟的技术。从层次上划分，P2P 应该属于网络应用层技术，与 Web 和 FTP 等应用是并列的。

6.2.1　P2P 流媒体点播系统

传统的影音服务器是将所有的影音文件都储存在一台服务器上，然后让所有客户端都连接服务器并在线浏览服务器上的影音文件，这种传统的 C/S 工作模式无疑对服务器的磁盘系统造成极大压力，同时也对服务器的网络带宽有很高要求。

另外，传统的影音服务器由于对配置要求很高，所以产品价格十分昂贵，加上对带宽要求高，因此网络方面的成本是很高的，要想拥有自己的影音服务器比较困难。P2P 流媒体点播系统则很好地解决了上面的问题。

QVOD 流媒体点播系统，是一款用于互联网上大规模视频点播的共享软件。本软件基于 P2P 模型，有效解决了当前网络视频点播服务的带宽和负载有限的问题，实现了用户越多，播放越流畅的特性。本软件终身免费，决不绑定任何插件程序，并不断更新与升级，由 QVOD 服务器软件和 QVOD 客户端播放器软件两部分组成。

6.2.2　快播（Qvod Server）服务器简介

快播服务器能提供一个高效快速和强大的视频点播解决方案。快播服务器是与另一款视频流媒体播放软件快播播放器（Qvod Player）相对应的。快播服务器能提供计算机上的视频媒体文件的发布、转发、IP 管理、流量管理、网络数据统计等功能。快播服务器是完全针对于个人用户使用 Qvod Player 播放网络流媒体文件更好体验而研发的。通过快播服务器发布的文件与共享的内容，能实现更稳定、更快速、更高效地播放流媒体文件,快播服务器使用者能更有效地控制发布文件的流量/下载速度/发送方式、IP 规则、文件下载人气值等各有关内容,以此来更方便地提供有效服务。

1. 服务器安装

软件环境:

Microsoft Windows 2000、Microsoft Windows XP、Microsoft Windows Server 2003 等版本。

安装完快播(Qvod Server)服务器软件,开通端口 8032/8033/8034/8080。

硬件环境:

- PC 兼容计算机或 Intel x86 的微处理器。
- 至少 512MB RAM,建议 2GB(配合操作系统软件之最低需求)。
- 至少 10G 硬盘空间,建议 1TB。

下载 QVOD 服务器安装程序(QSI. exe)后即可双击安装。安装完成后,将自动启动 QVOD 服务器,如图 6-6 所示。

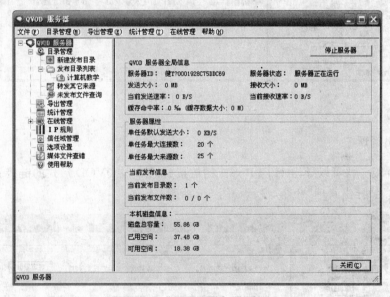

图 6-6 "QVOD 服务器"窗口

如需要停止服务器,请单击"停止服务器"按钮。停止后,任务栏图标 变成灰色。

停止服务器后,可以选择启动服务器,来重新启动服务器。任务栏图标 变成红色。

启动服务器后,主界面上显示全局信息、服务器属性、当前发布信息、本机磁盘信息。

2. 新建发布目录

功能:创建新的发布目录。

单击 QVOD 服务器窗口左栏"新建发布目录"命令,即可看到右栏功能框内的新建功能。

发布目录下所有子目录和文件是默认选择,即发布目录,并把目录下的所有文件一并发布,提供给用户使用 Qvod Player 或者其他支持流方式的播放器进行播放。只发布目录(文件以后单独发布)即把目录共享,但不发布文件,不能播放该目录下的文件。单击"浏览"按钮,选择要发布的目录,单击"确定"按钮后,即可根据选择的方式发布该目录。发布后,即可在左栏看到发布的文件夹。如图 6-6 中的"计算机教学"。

右击这个"计算机教学"文件夹,弹出一快捷菜单,可以发布文件夹,取消发布文件夹,删除发布目录。批量修改文件属性。单击批量修改文件属性,即可批量修改该文件夹下的所有文件属性。所选文件夹发布后如图 6-7 所示。

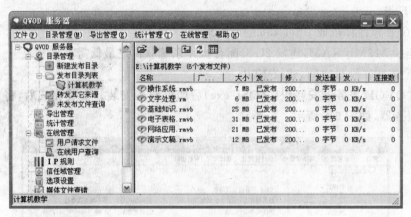

图 6-7　发布后的文件夹

3. 导出管理

QVOD 服务器可以导出 HTTP 形式的链接(推荐)和 QVOD 形式的链接。
单击左栏"导出管理"命令,显示如图 6-8 所示。

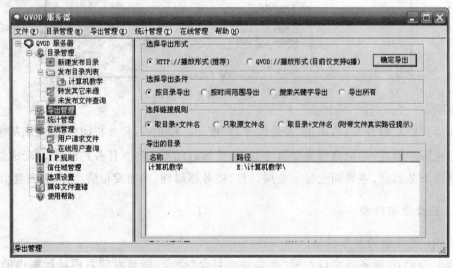

图 6-8　导出管理

- 选择导出形式：
  - HTTP：//播放形式：直接在快播播放器或者支持 HTTP 流形式的媒体播放器中输入后，即可播放该文件。除了具有 P2P 的数据接收方式外，还可以提供防盗链、防下载和信任域管理，以方便站长对资源的管理。
  - QVOD：//播放形式：直接在快播播放器中输入后，即可播放该文件，该形式是纯 P2P 网络的，可以隐藏服务器的 IP 地址。快播播放器从 P2P 网络中接收数据，观看的流畅性视 P2P 网络中源的数量和网络速度而定。
- 选择导出条件：
  - 按目录导出：选择已经共享的目录导出内容。
  - 按时间范围导出：选择时间范围导出内容。
  - 搜索关键字导出：输入关键字按匹配该关键字导出内容。
  - 导出所有：导出所有已经共享目录中的内容。

选择上面两项内容后，单击"确定导出"按钮，即可导出内容。导出格式如图 6-9 所示。

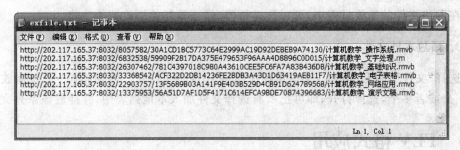

图 6-9　导出 HTTP 形式的链接

6.2.3　快播播放器（Qvod Play）使用简介

Qvod Player（快播）是一款基于准视频点播（QVOD）内核的、多功能、个性化的媒体播放器。Qvod Player 集成了全新播放引擎，不但支持自主研发的准视频点播技术，而且还是免费的 BT 点播软件，只需通过几分钟的缓冲即可边下载边观看丰富的 BT 影视节目。Qvod Player 具有的资源占用低、操作简捷、运行效率高，扩展能力强等特点，使其成为目前国内最受欢迎的 P2P 播放软件。

1. Qvod Player 安装

在浏览器中打开 http://www.qvod.com ，选择"免费下载"按钮，下载完成后，双击 QvodSetup.exe，然后按照安装程序的提示一步一步将 Qvod Player 安装到计算机上。安装完成后，会在系统中下角的任务栏出现，并在桌面上和开始程序菜单中出现 Qvod Player 的快捷方式。至此，Qvod Player 的安装已经成功。

2. 播放网络文件

选择"文件"|"打开网络文件"或者快捷键 Ctrl＋U 打开网络文件对话框，输入 6.2.2 节

导出的 HTTP 形式链接文件：http://202. 117. 165. 37：8032/8057582/30A1CD1BC5773C64E2999AC19D92DEBEB9A74130/计算机教学_操作系统.rmvb，如图 6-10 所示。

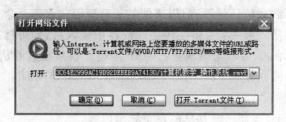

图 6-10　播放网络文件

单击"确定"按钮后，可以等待缓冲，约 3 秒后即可开始播放，右边网络列表中即会显示该文件的接收进度。打开栏中可以输入 HTTP，RSTP，QVOD，. Torrent 文件 4 种格式。如本地有 BT 种子文件，可以单击"打开. Torrent 文件（T）"按钮，选择该种子文件，以进行播放。种子文件的播放缓冲时间可能略长于其他格式的时间。

在网络文件的播放过程中，可以选择暂停、停止等其他播放控件功能。

3. 播放本地文件

选择"文件"|"打开本地文件"或者快捷键 Ctrl＋O 打开一对话框，选中要播放的文件，一个或者多个，选择打开，即可把所有选择文件加入本地列表中，并播放该系列文件。

6.3　FLV 格式应用

FLV 流媒体格式是一种新的视频格式，全称为 Flash Video。由于它形成的文件极小、加载速度极快，使得网络观看视频文件成为可能，它的出现有效地解决了视频文件导入 Flash 后，使导出的 SWF 文件体积庞大，不能在网络上很好地使用等缺点。

目前国内视频分享网站，如 5Show、56、优酷等都使用了 FLV 这个文件技术来实现。借助 FLV 文件转换制作工具软件，可以很容易制作属于自己的 FLV。一般的视频文件，要不就是 ASF 格式、WMV 格式使用，MediaPlayer 进行播放，要不就是 RM 格式用 RealPlayer 播放。这样的问题是，格式的不同就需要选择不同的播放器，这对于本地计算机没有安装相应播放器的用户来说，这些视频根本无法收看，并且，还由于这些文件的容量过大、下载慢，观看也不很流畅。所以，将各类视频文件转换成 Flash 视频文件。由嵌入在浏览器中的 Flash 播放器（这好像每个人的计算机都有的吧）解决了其他一般视频文件需要挑选播放器的问题，当然这也就是 Flash 的优势。容量方面，从 FlashMX2004 Pro 起就支持了转换为 Flash 视频的功能，经过相关设置后，可缩小原有视频的容量，最终转换的文件扩展名是 flv。

6.3.1　转换成 FLV 格式

FLV 是一种全新的流媒体视频格式，利用了网页上广泛使用的 FlashPlayer 平台，将视频整合到 Flash 动画中。也就是说，网站的访问者只要能看 Flash 动画，自然也能看 FLV 格式视频，而无须再额外安装其他视频插件，FLV 视频的使用给视频传播带来了极大便利。

启动 Flash 8，这个版本的 Flash 中有一个独立的 FLV 转换工具：Flash 8 Video Encoder。选择"程序"| Macromedia | Macromedia Flash 8 Video Encoder 菜单进入，如图 6-11 所示。

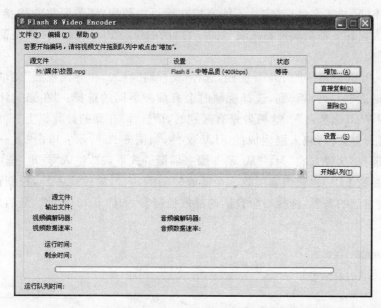

图 6-11　FLV 转换工具窗口

单击"增加"按钮，软件自动调用系统"打开"对话框，选择需要导入的视频文件。Flash 8 Video Encoder 支持转换的视频格式相当广泛，如 AVI、WMV、MPEG、ASF、MOV 等常见视频格式。视频添加进队列后，如果不需要做特殊修改，则单击"开始队列"按钮，程序即开始视频转换。在转换过程，主窗口下方有信息提示，并且还能看到实时的进度预览。转换结束后，在被转换视频的同一文件夹下，就能得到一个同名的 FLV 文件。

当然，上述这些只是按照默认设置进行转换的情况。实际情况下，对于视频转换的控制还可以很多，单击主窗口"设置"按钮进入高级设置对话框。在视频编码设置对话框中，最显著的就是 FLV 视频品质设置，默认是"Flash8-中等品质（400kbps）"，软件内置 7 种不同的编码设置组合。也可以选择自定义设置，单击"显示高级设置"按钮，软件将显示自定义的设置界面。

软件提供了两种视频解码器供选择：On2VP6（用于 Flash Player 8，支持 Alpha 通道）、SorensonSpark（用于 Flash Player 7，适用于低配置用户）；"调整视频大小"也颇有用，很容易生成制定尺寸的动画；如果只重视视频效果，还可以对"音频编码"开刀，将默认编码数率设置低些，那么输出的文件还会更小巧。

在高级设置中，提供了简单的视频编辑功能，单击"裁切和修剪"标签。出现 4 个方向的控制，输入数值以裁切视频，或者单击"小三角"按钮显示控制滑块，拖动滑块直观地调整视频尺寸,视频预览区会实时用虚线勾画裁切范围。

修剪的使用也不复杂,在视频预览区下方可以看到一个蓝色的视频进度指示条,拖动上方的"倒三角"按钮定位视频播放进度。进度指示条下方有两个按钮,它们就是"开始点"和"结束点"定位按钮,分别拖动按钮到所需位置,即完成简单的视频修剪。

6.3.2 在网页中使用 FLV 视频

得到了 FLV 格式文件,其实并不能直接在网页中使用,还需要将它嫁接到 Flash 动画中。如同大家在各种视频网站中看到的一样,所创建的 Flash 视频并不是简单播放,需要有播放控制。

启动 Flash 8,创建新的 Flash 文档,选择"文件"|"导入"|"导入视频"菜单命令,进入"导入视频"对话框。可以看到,选择视频时会有两种不同的选择:"在您的计算机上"和"已经部署到 Web 服务器"。这两者是有区别的,请选择"在您的计算机上"。单击"浏览"按钮,通过打开对话框,载入刚生成的 FLV 文件,如图 6-12 所示。单击"下一个"按钮继续。接下来选择"部署方式"为:"从 Web 服务器渐进式下载",进入"外观"选项。Flash 8目前已经为播放 FLV 视频内置了数十个播放控制器,它们的外观各异,控制选项也有区别,可以根据自己的需要,选择一个合适的播放控制器,如图 6-13 所示。最后单击"完成"按钮结束。

图 6-12 导入 FIV 视频窗口

图 6-13 播放控制器外观选择

返回 Flash 8 主窗口工作区,此时要依据导入的 FLV 文件长宽来调整舞台的大小,一般来说要留出播放控制器的高度,例如:FLV 文件宽高是 800×600,舞台宽高应为 800×640。需要重新设置一下。鼠标在工作区中选择导入的 FLV 文件,调用"属性"面板(Ctrl+F3 键),修改 X、Y 轴值为"0.0",这样就将这个元件定位到了工作区的左上方顶点处。下一步导出的 SWF 文件将能正常显示播放控制器。

选择"文件"|"导出"|"导出影片"菜单,并设置导出影片地址为"D:\",文件名为"校园. swf"。接下来,设置播放器版本为"Flash Player 8",ActionScript 版本为"ActionScript 2.0",单击"确定"按钮完成。进入"D:\",可以看到,除了刚生成的"校园. swf"文件外,还多了个"ArcticExternalPlaySeekMute. swf"文件,也是调用 Flash 视频必需的文件。

通过网页制作软件建一网页 show. htm,插入校园. swf 文件,设置其 Flash 宽高属性为 800×640 保存。至此将 show. htm、校园. swf、ArcticExternalPlaySeekMute. swf、校园. flv 4 个文件上传到服务器发布目录下。在网上任何地方通过浏览器就可观看 Flash 视频,并能自由控制,如图 6-14 所示。

图 6-14 有播放控制器的视频

6.4 视频会议

视频会议系统是通过网络通信技术来实现的虚拟会议,使在地理上分散的用户可以共聚一处,通过图形、声音等多种方式交流信息,支持人们远距离进行实时信息交流与共享、开展协同工作的应用系统。视频会议极大地方便了协作成员之间真实、直观的交流,视频会议的使用有点像视频电话,除了能看到通话的人并进行语言交流外,还能看到他们的表情和动作,使处于不同地方的人就像在同一房间内沟通。对于远程教学和远程会议有着重要的作用。此外,有些视频会议系统还具有录播功能。能够进行会议的即时发布并且会议内容能够即时记录下来。

随着人们生活节奏的加快和活动范围的扩大,远程视频会议系统日益受到人们的青睐和重视。视频会议系统具有节省大量的差旅费用、减少在旅途中的时间,提高企业对市场的响应效率、缩短上层领导的决策周期、随时可以召集和举行会议和培训等优点,所以被广泛应用在诸多领域。

然而,虽然目前国际国内市场上也有成熟的视频会议系统,但价格不菲。NetMeeting 是 Windows 自带的免费软件,使用方便,无须注册就可以随意使用。NetMeeting 功能强大,操作方便、应用灵活,既适合局域网,也适合广域网,除了语音、视频,还有如下功能:文字聊天、白板、文件传送、共享程序等。

6.4.1 NetMeeting 启动

第一次运行 NetMeeting,会弹出一些窗口来填写个人信息,然后有一些测试音量的步骤,照着做就是了。启动成功后如图 6-15 所示。

1. 呼叫对方

有 3 种方法可以呼叫到对方,但输入对方的 IP 地址是最常用和实用的方法。直接在 NetMeeting 的输入框中输入对方 IP 地址就可以呼叫到对方(如图 6-15 所示)。当然这时对方也启动了 NetMeeting,并且接受呼叫。

注意:可以打开命令行窗口,运行"ipconfig"命令来获得本机的 IP 地址。如果拨号上网,那么每次拨号的地址可能是不同的。

2. 结束呼叫

很简单,NetMeeting 程序右上方 3 个竖排按钮的中间那个,就是"结束呼叫"按钮,单击就结束通话了。

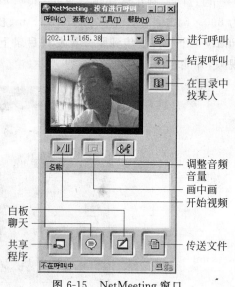

图 6-15　NetMeeting 窗口

6.4.2 NetMeeting 应用

1. 语音聊天

语音聊天是 NetMeeting 的基本功能,如果计算机已经有了声卡、麦克风、耳机/音箱,和对方建立呼叫后,就能进行聊天(当然对方也得有耳机、麦克风)。

单击"调整音频音量"按钮,将显示音量调节画面。选中麦克风和喇叭复选框,否则就没声了,移动滑块用来调节音量。有时,当对方觉得你的声音时断时续时,请选择"工具"|"选项"菜单,在显示设置窗口后,请选择窗口上方的"音频"标签,可以看到"无声检测",请选择"手动设置无声检测",把移动滑块拉到左边即可。

注意:"无声检测"的意思是:当声音小到设定的值,NetMeeting 就停止往外传送声音。如果用的是音箱而不是耳机,那么对方会听到自己说话的回声。这是因为你的麦克把对方的声音又传了回去,改进的方法是,要么使用耳机,要么使用一个方向性比较好的麦克风。

2. 视频功能

NetMeeting 能在聊天时互相看到对方的音容笑貌。如果想让别人看到,则需要视频头,就请安装好随带的摄像头软件,然后,再启动 NetMeeting,就会自动检测到视频头。然后选择"工具"|"选项"菜单,弹出设置窗口。选择窗口上方的"视频"选项,"在每次呼叫开始时自动发送视频"复选框,建议不打勾,除非想让人人都看到你。"在每次呼叫开始时自动接收视频"建议打勾。"发送图像大小"和"视频质量"请自己选择,图像越大、质量越高,就需要更大的网络带宽,带宽不够,视频就不连续。

选择"查看"|"我的视频(新窗口)"菜单,就显示一个"本地视频"的小窗口,是自己的图像单击上面的按钮就发送,再单击就停止。

3. 文字聊天

有了语音聊天,文字的交流也是不可缺少的,单击"聊天"按钮,就会显示一个标题为"聊天"的窗口,如图 6-16 所示。如果同时和好多人建立了呼叫,那么文字聊天就是一个简单的聊天室,可以多人同时聊。

4. 使用白板

白板就是计算机上的"黑板",可以在上面作画,随心所欲地创作。和别人建立了呼叫以后,单击"白板"按钮,就会显示一个标题为"白板"的窗口,如图 6-17 所示。双方都可以在上面连画带写,乐趣超过文字聊天。"白板"窗口的左边有竖排的两排按钮,是供使用的创作工具。最有用的就是"笔"和"荧

图 6-16 "聊天"的窗口

光笔"这两种了。可以选择一种笔,就可以在窗口上创作了。窗口下方是颜色选择,可以选择喜欢的颜色。

窗口下方最右边是页码控制,当画满了一页时,就可以单击最右边的按钮,插入新的一页。

窗口左边工具栏的最底部有两个按钮,左边的是选定区域抓图,右边的是选定窗口抓图。单击后,"白板"窗口就会最小化,然后选择想要抓的图就会粘贴到白板中了。

最后,可以把所有的画都保存起来,以后拿出来欣赏。

5. 文件传送

建立呼叫后,可以传送任意多的文件给对方。

单击"传送文件"按钮,就会显示一个标题为"文件传送"的窗口,如图 6-18 所示。单击窗口上方的第一个按钮,加入想传送给别人的文件,然后单击窗口上方的第 3 个按钮,就开始传送了。

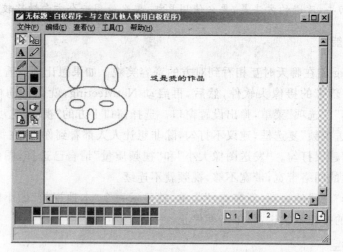

图 6-17　"白板"窗口

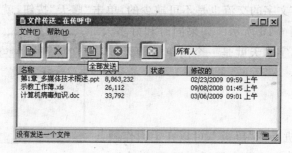

图 6-18　"文件传送"窗口

接收方收到文件后,会提示正在接收文件,这时不用去管它。收完文件后,就会给出提示,问是否打开。如果选择打开,就会直接显示文件内容。或者接收完后,选择关闭。

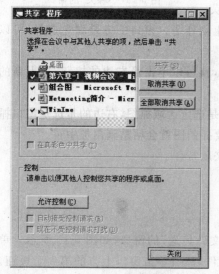

图 6-19　"共享-程序"窗口

然后单击窗口上方的最右边的按钮,会显示出所有收到的文件列表,就可以像平时操作其他文件一样操作它们,例如将它们移动到其他文件夹中。

6. 共享程序

共享程序的意思就是:让对方看到或者使用计算机上的程序。例如说想要让对方看一篇你写的文章,就打开 Word,然后共享 Word 就可以给对方讲解文章的内容了。这时对 Word 文档的一切操作过程,对方都可以看到。

单击"共享程序"按钮,就会显示一个标题为"共享-程序"的窗口,如图 6-19 所示。上面列出了当前计算机上正在运行的程序,选择想让对方看到的程序,然后单击"共享"按钮就可以了。如果为了简单,可以共享"桌面",这样对方就能看到所有的程序。

如果想让对方能操作你共享的程序,那么就单击"共享"窗口的"允许控制"按钮。这样,别人就能操作你的计算机上的程序了。结束共享,在"共享"窗口上单击"取消共享"或"全部取消共享"就行了。

6.5 聊天软件 QQ

腾讯 QQ 是一款基于 Internet 的即时通信软件,支持在线聊天、寻呼、视频电话、点对点断点续传文件、共享文件、网络硬盘、自定义面板、QQ 邮箱等多种功能,并可与移动通信终端等多种通信方式相连。可以使用 QQ 方便、实用、高效地和朋友联系,而这一切都是免费的。

系统要求在 Windows 2000、Windows Me 或 Windows XP 操作系统下运行。计算机处理器速度为 500MHz 或更快,内存在 128MB 以上。安装需要 50MB 的硬盘空间,若要使用语音视频聊天功能,还需配置声卡、音箱、话筒、摄像头等多媒体设备。

6.5.1 如何开始使用 QQ

QQ 是当前最流行的网络聊天软件,并已成为中国最大的互联网注册用户群。QQ系统合理的设计、良好的易用性、强大的功能、稳定高效的系统运行,赢得了用户的青睐。该软件可在网上自由下载。假如已下载了 QQ 的安装软件包:QQ2009_chr.exe,就可以在主机中安装 QQ 了。

1. QQ 的安装

双击安装软件包文件图标,将显示安装向导窗口,只要单击"下一步"按钮并接受"许可协议"按向导提示就能顺利完成安装,并显示 QQ 用户登录窗口,如图 6-20 所示。

2. 申请 QQ 帐号

没有 QQ 帐号就不能上网使用,在用户登录窗口中单击"注册新帐号",按照网页提示一步一步输入相关内容,即可很容易得到一个帐号。申请成功后如图 6-21 所示。

图 6-20 QQ 用户登录窗口

图 6-21 QQ 帐号申请成功后的确认

3. 登录 QQ

运行 QQ,输入 QQ 号码和密码即可登录 QQ,也可以选择手机号码、电子邮箱等多种方式登录 QQ。用申请成功的帐号登录 QQ 后,显示主页面如图 6-22 所示。

4. 添加好友

新帐号首次登录时,好友名单是空的,要和其他人联系,必须先要添加为好友。成功查找添加好友后,就可以体验 QQ 的各种特色功能了。

单击图 6-22 主页面下的"查找"按钮,将显示如图 6-23 所示的"查找联系人"对话框。假如要添加当前在线的用户,请选定"按条件查找"单选按钮,将弹出条件对话框,给定条件后单击"查找"按钮,将显示所有在线上的用户列表。选中一位网友,单击"查看资料"按钮,即可看到该网友的基本情况。单击"加为好友"按钮。当对方通过该请求后,才能正确完成好友的添加。

图 6-22　主页面

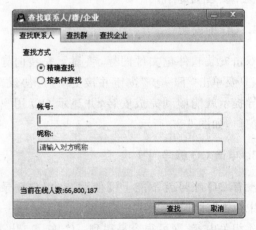

图 6-23　QQ 2008 查找/添加好友对话框

5. 网上交流

想与好友交流时,直接在"我的好友"列表中双击好友的头像,打开聊天窗口,在文字输入框中输入要说的话,然后单击"发送"按钮。当好友回复消息后,交流的内容会同时显示在聊天窗口中,如图 6-24 所示。

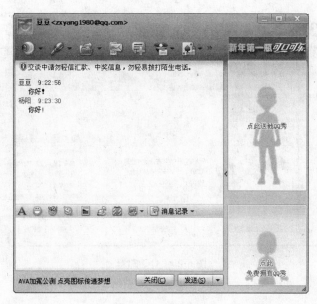

图 6-24　聊天窗口

6.5.2　QQ 更多功能

1. 传送文件

QQ 可以向好友传递任何格式的文件,例如图片、文档、歌曲等,并支持断点续传,传送大文件也不用担心中途中断。右击好友头像,在弹出菜单中选择"传送文件"命令向好友发送文件。或在聊天窗口中单击"传送文件"按钮后会显示"打开"对话框。在这个对话框中选中要传送的文件(或多个文件),单击"确定"按钮。如果好友在线将立即接收。如不在线,在聊天窗口的右边将可见待传的文件,当单击"发送离线文件"命令时,文件会保存至服务器,好友上线后将收到提醒进行接收。

2. 网络硬盘

QQ 为广大用户提供文件的存储、访问、共享、备份等在线存储服务,提供了一个免费的 50MB 磁盘空间,任何文件、文件夹都可以便捷地上传,使用方便、易于管理。

3. QQ 邮箱

QQ 为每个用户提供一免费邮箱,第一次使用要进行开通。在主页面中单击"邮件"按钮,将显示激活邮箱的页面,按照网页提示一步一步进行下去即可成功开通 QQ 邮箱,如图 6-25 所示。

4. QQ 空间

QQ 空间是一个专属于自己的个性空间,是一种为新新人类提供的全新的网络生活方式。可以拥有网络日志、相册、音乐盒、神奇花藤、互动等功能。

图 6-25　QQ 邮箱

5. TT 浏览器

TT 浏览器具有亲切、友好的用户界面，多项人性化的特色功能。如弹出窗口过滤、汇集众多搜索引擎的强大搜索功能、用了忘不掉的鼠标手势、最近浏览列表、完全隐私保护和便捷拖放，自带旋风下载工具使浏览和下载浑然一体、快捷方便。带来轻松自如的多页面浏览体验。

6.6　网上视听

以前听广播必须有台收音机，还需要不停地调频率，才能收听到自己喜欢的节目。现在只需要一台上网的多媒体计算机，就可以在众多的电台中快速寻找到需要的广播节目。没有收音机一样可以收听到丰富多彩的广播节目；没有 CD 机，通过网络一样可以听到高保真的音乐；没有电视机，通过网络同样可以观看电视直播、欣赏高清电影和电视剧。

6.6.1　听广播

现在提供网上在线收听的广播网站非常多，下面主要以中国广播网（http://media. cnr. cn）为例，介绍如何在线收听广播。

启动 IE 浏览器，在地址栏中输入 http://media. cnr. cn/，如图 6-26 所示。

在中国广播网的主页中可以看到中央人民广播电台提供的"中国之声"、"经济之声"、"音乐之声"等十多套节目。单击任一套节目，就可以听到当前播放的内容。当然也可以选择之前某一时刻所播放的节目。

6.6.2　听音乐

中国音乐在线的网站是 http://www. mtvtop. net ，通过浏览器打开后如图 6-27 所

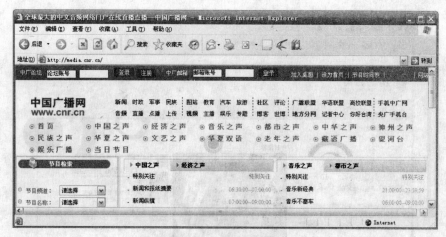

图 6-26　中国广播网主页

示。在首页中提供了"最热门歌曲 500 首"、"经典老歌 500 首"、"校园歌曲 500 首"等多个选择标签，进入后可分别选择喜欢的一首或多首歌曲播放。

图 6-27　中国音乐在线主页

6.6.3　看影视

除了听广播和听音乐，看电影也是一种不错的休闲方式。Internet 中的电影众多，不管是国外的，还是国内的，不管是 20 世纪的，还是现在的，都可以找到。电影除了可以采用下载的方式外，还可以通过一些网站在线观看，其中迅雷看看就是一个不错的在线看电影的网站。

打开迅雷看看主网页（http://www.xunlei.com）如图 6-28 所示。在首页中提供了"电影"、"电视剧"、"综艺"、"动漫"等多个选择标签，单击这些标签，选择自己喜欢的内容开始观看。

如果计算机还没有安装迅雷看看播放器，系统会提示立即下载安装。安装成功后才

图 6-28　迅雷看看主页

能流畅地在网页中间播放影视节目。

本章小结

　　本章主要介绍了在 Internet 上连续媒体应用技术;流媒体应用平台的建立、配置、资源的访问和流媒体文件格式的转换;P2P 技术的概念和 P2P 流媒体点播系统的建立;介绍了一种新的视频格式 FLV 如何在网页中使用;介绍了聊天软件 QQ 和网上视听;最后介绍了视频会议系统 NetMeeting 的应用。

习题

问答题:

1. 什么是流媒体技术,当前流行应用平台有哪些?
2. Helix Server 服务器支持的协议和流媒体格式文件名分别是什么?
3. RealProducer 的功能是什么?
4. 什么是 P2P 技术?简述快播播放器(Qvod Play)的功能。
5. 简述 FLV 格式文件的转换过程。
6. 简述 NetMeeting 的应用。

第7章
基于飞腾的网站建设与内容管理

信息技术飞速发展的今天,很多企事业单位借助门户网站来宣传产品、提升形象、增强竞争实力。随着整个社会信息化程度的不断提高,网站的信息量越来越大,涉及内容也越来越多。如果单纯依靠传统方式来管理与维护企业门户网站,显然是不可行的。尤其面对更新频率非常高的内容时,传统管理方式更是显得力不从心。因此,需要借助于内容管理平台,将管理人员从繁重的手工管理中解脱出来,把更多的时间和精力用于网站内容本身。

7.1 CMS 与飞腾

内容管理系统(Content Management System,CMS)是一种建立在万维网之上的信息服务平台,是应用网站的基本框架。利用 CMS,可以方便地处理文本、图片、图像、Flash、声音、视频等资源,更重要的是它提供了快捷、方便的资源管理手段,能够快速地开发网站并进行网站内容的管理。

CMS 基于模板的设计,使网站的风格可以快速变换,并且能够根据需要对模板进行修改。模块是 CMS 最重要的内容,构成了 CMS 系统的功能集合。用户及权限管理、在线投票或调查、广告管理、新闻评论、所见即所得编辑器、访问日志记录等功能都是 CMS 必不可少的。这些内容的组合就构成了网站的框架。因此,CMS 是建设管理网站的得力工具,也是学习网站管理业务的捷径。

本章以飞腾 CMS 为例来说明 CMS 的功能和特点。首先了解一些关于飞腾 CMS 的基础知识。

飞腾 CMS 是一个基于 ASP 的智能建站系统。利用它可以快速搭建功能全面的网站,借助它,网站内容的创建、组织和管理变得更加容易。按照功能与用途差别,飞腾分为免费版和 Pro 版两类。免费版主要用于个人学习与研究之用,功能相对有限;Pro 版是商业版本,需要支付一定的费用购买,其功能比免费版强大得多,还可以根据用户的需求定制。本章中所用到的是飞腾 CMS 3.1 免费版。

飞腾 CMS 主要功能与特色:

- 完全兼容 IE 与 Firefox。
- 网站缓存功能。
- 前台采用 ASP 与 HTML 代码分离的模板技术,采用风格模板来管理,使网站个性化更方便。

- 自由设置的 SQL 防注入功能。
- 功能强大的参数过滤功能,确保程序安全。
- 导航菜单管理功能。
- 交互式会员系统,VIP 及贵宾会员可发布文章/教程/图片/软件/新闻/影音。
- 混合型专题功能,可整合新闻/文章/教程/软件/图片/影音/频道/作品栏目。
- 自由编辑、组合任一管理员、会员权限。
- 后台管理员权限可细分至某个栏目的某个分类(如管理文章系统中的图形处理分类内容)。
- 频道功能、自由设定内容、页面结构自由设置。
- 站点地图。
- 首页头条新闻、首页自定义内容。
- 在线文件资源修改器。
- 网站音乐播放器。
- 上传文件超强过滤,确保文件真实性。
- 上传文件智能化分类管理。
- 管理员公告板及会员公告板,类似便笺,便于站内适时交流。
- 后台栏目同步发表功能。
- 广告系统。
- 订单系统。
- 客户管理。
- 后台网站日志,是站长专用的 BLOG。
- 后台管理日志,全面记录管理员在后台的一切行动,以及 VIP 会员在前台的提交情况。
- 方便快捷的后台栏目批处理功能。
- 流量统计功能。
- 数据库管理功能。
- 灵活多变的风格,适合不同的工作环境及要求。
- 灵活调用的模板标签,可在任何页面、任何位置进行任意调用。
- 部分页面静态化,可批量生成默认页面,也可手工生成任何页面。
- 后台部分栏目名称自定义。
- 会员短信系统,轻松实现会员间、会员与管理员间的交流。
- 后台登录允许 IP 地址列表功能。
- 内容页广告位预置管理。
- 留言系统进行更新,可实现悄悄话留言及悄悄话回复,留言者(会员)可查看自己的悄悄话及别人回复给自己的悄悄话。

注意:以上部分功能在免费版中不可用。

飞腾 CMS 的主要栏目设置:

- 新闻系统(二级分类)。
- 公告系统。

- 投票系统。
- 图片系统(二级分类,组图功能)。
- 文章系统(二级分类)。
- 教程系统(第二文章系统,可关闭或设置整体查阅权限)。
- 软件系统(二级分类)。
- 频道系统(可生成 ASP 文件,实现见名知义)。
- 广告系统(图片/SWF/JS/框架广告,后台可关闭)。
- 影音系统(二级分类,可播放 MP3、WMA、WMV、RM、FLV 等)。

7.2 飞腾 CMS 的安装

本节将学习如何安装飞腾 CMS。

当前,飞腾 CMS 有多个版本可供选择,本节以飞腾 CMS 3.1 免费版为例。其他版本的安装过程基本一致,因此本部分也可以看成是对所有飞腾 CMS 安装的一般性指导。

为了安装飞腾 CMS,需要从互联网上下载安装源文件。下载地址为 http://www.feitec.com/ShowSoft.asp? id＝290。

在系统上安装飞腾 CMS 必须具备的前提条件包括:

- Windows 操作系统。
- Web 服务器 IIS,必须支持 ASP 脚本。
- FTP 服务器(可选)。

在 Windows XP 环境下安装飞腾 CMS 过程如下:

(1) 在服务器 F 盘中新建文件夹"FeitecCMS",将互联网上下载的安装源文件解压到此文件夹,如图 7-1 所示。

图 7-1 飞腾 CMS 解压目录

注意：此处盘符"F"和文件夹"FeitecCMS"可以自己指定，但必须与 IIS 的发布目录相对应，如图 7-2 所示。

图 7-2 IIS 主目录

（2）为了避免网站信息无法写入数据库中，还应该对 IIS 写入权限进行设置。

首先查看文件夹"FeitecCMS"所在的硬盘是不是 NTFS 格式。如果是，则可按下面的方法操作：

① 在文件夹的菜单栏中选择"工具"|"文件夹选项"|"查看"菜单命令，取消选中"使用简单文件共享（推荐）"复选框，然后选择"确定"按钮，如图 7-3 所示。

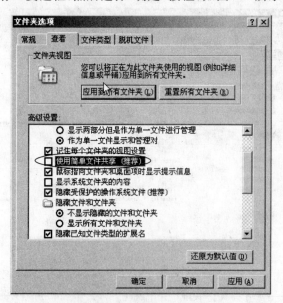

图 7-3 取消选中"使用简单文件共享（推荐）"复选框

② 在"FeitecCMS"文件夹上右击,选择"属性"|"安全"命令,给 Users 完全控制的权限,也就是在"允许"选项下面的复选框上打上"√",然后单击"确定"按钮,如图 7-4 所示。

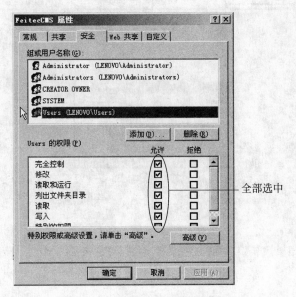

图 7-4 Users 完全控制权限的设置

(3) 启动 IIS,打开 IE 6 浏览器,在地址栏输入 http://localhost/index. asp 可进入前台界面,在地址栏输入 http://localhost/admin/admin_login. asp 可进入后台管理界面,分别如图 7-5、图 7-6 所示。

图 7-5 飞腾 CMS 前台界面

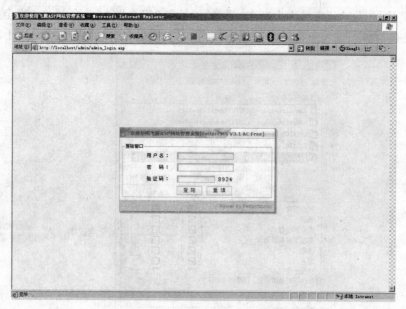

图 7-6　飞腾 CMS 后台登录界面

注意：此处地址栏中的"localhost"可在服务器正式部署后换成对应的域名或 IP 地址。

7.3　基本设置与管理

安装完飞腾 CMS 后，就可对其进行相关的管理设置了。本章通过构建一个简单的商业网站来介绍飞腾 CMS 的相关管理设置。下面先来看看基本设置的相关内容。

在如图 7-6 所示的后台登录界面中输入用户名、密码和验证码就可以进入后台管理界面了，如图 7-7 所示。此处默认的用户名和密码均为 admin，登录成功后，可自行修改密码。

注意：飞腾 CMS 里面涉及的设置内容非常多，本章只介绍一些常用设置项目，达到抛砖引玉的目的。

7.3.1　基本设置

单击后台管理主界面左侧导航栏中的"基本设置"选项，在下拉菜单中选择"基本设置"命令，就可进入基本设置页面。基本设置主要包括网站基本信息设置、会员系统设置、会员后台设置及上传系统设置等。各设置项目简单说明如下：

* 网站名称：用来设置网站前台的名称，这里设置为"飞腾 CMS 商业测试网站"。
* 网站 URL：访问网站的 URL 地址或域名，此处设置为"http://127.0.0.1/"。
* 界面风格：网站整体风格设置，可以通过"编辑风格"来对现有风格进行编辑，或者使用"导入风格"将外部风格导入进来。可以从互联网上下载现成的外部风格或者自己编辑新风格再导入。
* 会员系统设置：是否开放会员注册以及会员注册是否需要审核。

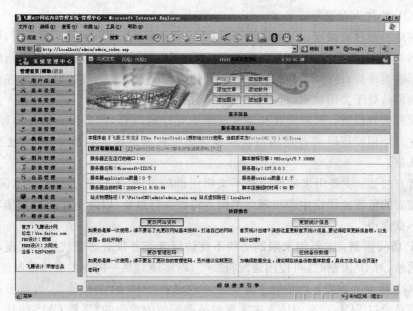

图 7-7　飞腾 CMS 后台管理主界面

- 会员后台设置：是否对会员开通短信、文章、软件、教程等内容。
- 上传系统设置：设置允许上传的文件类型及文件大小。

各参数设置界面如图 7-8 所示。

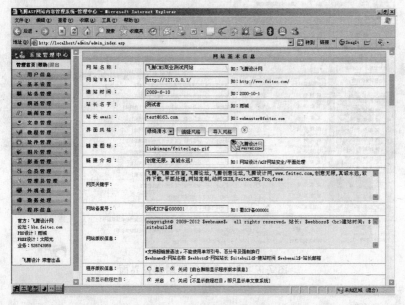

图 7-8　基本信息设置界面

7.3.2　状态及访问限制设置

状态及访问限制设置主要包括网站当前状态设定、交互内容设置、留言过滤、IP 访问限制及 SQL 防注入设置等。

- 网络当前状态设定：用来设置当前 CMS 网页状态，如遇到网站维护时，可暂时将网站关闭，维护完毕，恢复正常运行；而且可以通过维护事由向浏览者指明网站属于哪类维护；还可以设置具体的维护时间，若设置了某一具体时间，则在该时间段内网站处于关闭状态，过了该时间段网络自动恢复正常。

- 交互内容设置：用来设置和定义一些交互性的内容，如是否允许各种评论、是否允许使用验证码或者使用留言功能等。可根据网站的要求来设定，这里使用默认值。

- 留言过滤：主要用来实现一些不文明用语的过滤，若设置了相关过滤词，则用户发表的留言或评论中若出现此类词语将被强行过滤，以避免让用户直接看到这些不良词语。

- IP 访问限制：主要用来限制一些不良访问者或者带有恶意代码的入侵者访问本网站，对 IP 限制时，可使用通配符"＊"，以实现对某一网段的整体限制访问。

- SQL 防注入设置：此功能主要防止一些恶意 SQL 的注入侵害，当前很多入侵者都是通过 SQL 脚本的注入来实现对某些网站的攻击的，飞腾 CMS 的这一功能为网站安全提供了一道屏障。

各参数设置界面如图 7-9 所示。

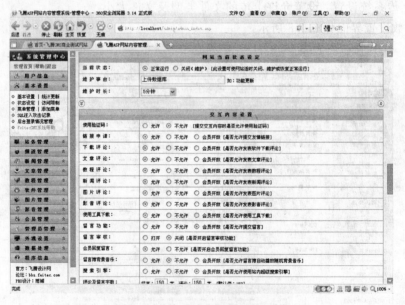

图 7-9　状态及访问限制设置界面

7.3.3　菜单管理与添加菜单

菜单管理主要用来对菜单进行修改，这些修改包括菜单名称的修改、位置与顺序的调整、对应链接地址的修改、菜单的删除等。添加菜单选项比较简单，主要用来建立新菜单。飞腾 CMS 菜单按位置可以分为两大类：顶部菜单和脚部菜单。顶部菜单位于屏幕上方,脚部菜单位于下方,利用它们可以非常方便地为某一菜单项调整位置,两者共同构成了飞腾 CMS 的菜单体系。

对于顶部菜单,可以通过修改顺序号来进行菜单的显示排序调整。但注意只能修改一级分类的顺序。对于脚部菜单,没有排序调整功能,其菜单显示按输入的先后顺序排列。可以按图 7-10 所示建立和修改菜单。

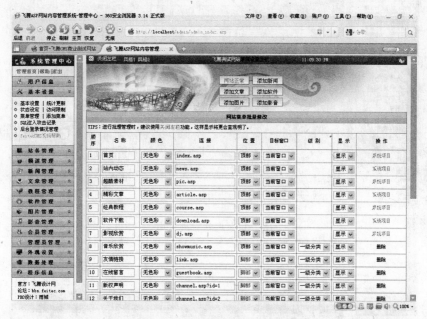

图 7-10　菜单的建立与修改

7.4　站务管理

站务管理涉及网站一些基本事务管理,如广告管理、投票管理、公告管理、留言及短信管理等。

7.4.1　广告管理

网络广告是信息时代一种全新的广告形式,也是许多商业网站收入来源之一。因此,作为一个 CMS 必须有较强的广告管理功能。

单击后台管理主界面左侧导航栏中的"站务管理"选项,在下拉菜单中选择"广告管理"命令,就可进入广告管理页面,如图 7-11 所示。

通过"浏览"和"文件上传"两个按钮可以将广告图片从本地计算机上传到服务器,上传后广告图片的路径将显示在下面的文本框中。然后将该路径放入 html 代码中,单击"确认修改"按钮即可看到插入的广告图片,如图 7-12 所示。

如果想加入多个广告图片,只需在页面最下方的"新增广告"框中插入广告图片的html 代码即可。

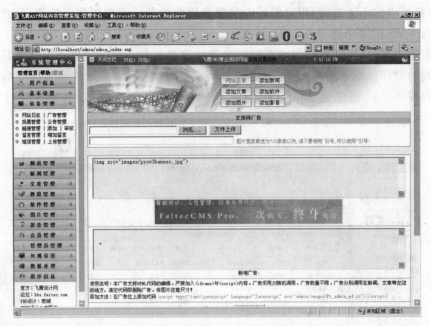

图 7-11　广告管理页面

图 7-12　广告图片效果

7.4.2　投票管理

投票是许多网站上经常用到的功能,飞腾 CMS 也提供了此功能。

选择后台管理主界面左侧导航栏中的"站务管理"选项,在下拉菜单中选择"投票管理"命令,就可进入投票管理页面,在此页面上单击"新增投票主题",可增加新的投票,此处增加一个投票"您认为飞腾 CMS 怎么样?",如图 7-13 所示。

图 7-13 新增投票主题

在图 7-13 中,"♯FFFF00"表示投票的颜色,可单击此处,在颜色盘中选择所需颜色;"是否发布"选项中,若选择"发布"复选框,则会立即将该投票发布到首页中。上面操作完成后,单击"确定新增"按钮后,在页面中单击"新添选项"按钮,依次添加投票选项,添加完成后效果如图 7-14 所示,所对应的前台页面如图 7-15 所示。

图 7-14 投票添加完毕

图 7-15　前台投票效果

7.5　新闻管理

新闻管理是 CMS 的重要内容之一，飞腾 CMS 提供了比较强大的新闻管理功能。新闻管理中主要有 5 个具体功能：分类管理、新增分类、新闻管理、新增新闻和评论管理，如图 7-16 所示。

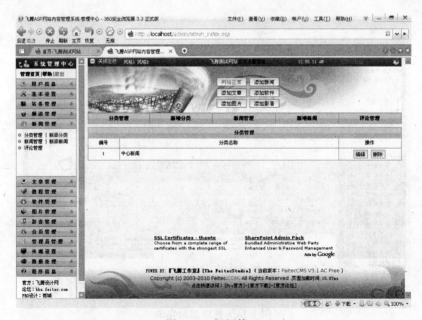

图 7-16　新闻管理

7.5.1 分类管理和新增分类

任何新闻要发布,必须隶属某一个分类,分类管理主要实现对已创建分类的编辑和修改,若某一分类需要修改,则可通过分类管理来完成。新增分类主要用来创建新的分类,此处创建了分类"中心新闻"。

7.5.2 新闻管理和新增新闻

新闻管理主要用于对已有新闻进行修改、编辑,而新增新闻则用于添加新的新闻,其可选择项目如图 7-17 所示。

图 7-17 添加新闻

图 7-17 中"分类"下拉列表中必须选择一个已经存在的分类,并将现在新加的新闻归入该分类下。查看权限指出了该新闻所对应的阅读权限,一般多选择"游客查看"单选按钮。"新闻置顶"复选框选项可以使新增新闻置于新闻列表的顶部。输入相应的新闻内容后,单击"确定新增"按钮完成添加。

7.5.3 评论管理

评论主要是对已发布出去的新闻发表看法或建议。评论管理主要完成评论的查看、评论的时间、参与评论的 IP 地址等,如图 7-18 所示。

后面的文章管理、教程管理、软件管理、图片管理与新闻管理基本类似,这里不再赘述。

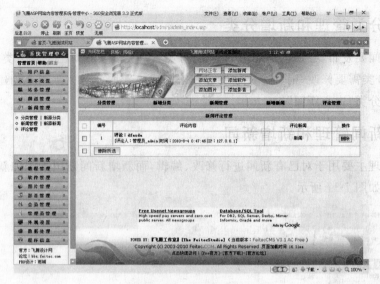

图 7-18　评论管理

7.6　影音管理

网络多媒体技术的迅速发展,使在 Web 中实现影音成为可能。飞腾 CMS 的影音管理提供了比较完善的影音管理,主要包括音乐管理、分类管理、新添分类、显示影音、新添影音、评论管理 6 部分。

7.6.1　音乐管理

音乐管理界面如图 7-19 所示。

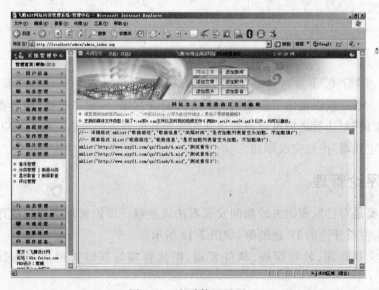

图 7-19　音乐管理界面

可以参照框中的样例插入音乐,注意这里的音乐文件格式的限制。

分类管理、新添分类、显示影音及评论管理和前面新闻管理中相应项类似,此处只介绍新添影音的相关参数。

7.6.2 新添影音

大家都知道参数中影音名称、分类,上传影音功能可以将本地计算机中现有的影视及音乐文件上传到服务器中,以备及时调用。链接地址用来播放地址中所给出的网络影音文件。所有项目设置完毕后,单击"确定新增"按钮即可完成,如图 7-20 所示。

图 7-20　新添影音管理

7.7　数据库管理

每个 CMS 网站,数据库都是必不可少的环节。为了确保数据安全,飞腾 CMS 提供了数据库的相关功能。例如:数据库备份、数据库压缩、数据库 SQL 语句和服务器参数探测。

7.7.1　数据库备份

单击后台管理主界面左侧导航栏中的"数据处理"选项,在下拉菜单中选择"数据库备份"菜单命令,就可进入该页面,如图 7-21 所示。

从图 7-21 中的长条按钮可以看出,必须将网站临时关闭后才能进行数据库备份操作,这样做的原因是,如果不关闭网站就维护,可能会造成数据库冲突,进而使数据库

图 7-21　数据库备份

受损。

在"基本设置"中的"状态设定"中将"正常运行"改为"关闭",单击"更新"按钮后,再到数据库备份处发现提示信息已经有效了,并且可以进一步操作,如图 7-22 所示。

图 7-22　关闭网站后的数据库备份

7.7.2 数据库压缩

随着网站内容的不断扩充,数据库也随之增大,在这种情况下,对数据库进行压缩就显得尤为重要。选择后台管理主界面左侧导航栏中的"数据处理"|"数据库压缩"选项进入该页面。单击"开始压缩"命令完成压缩数据库的任务。

7.7.3 数据库 SQL 语句

选择后台管理主界面左侧导航栏中的"数据处理"|"数据库 SQL"选项进入该页面。在指令框中输入 SQL 相应的指令,然后选择"执行"命令即可完成操作。SQL 语句的执行,使得管理者维护管理数据库更加快捷方便,对某些比较复杂的操作可以通过 SQL 来提高执行效率。

7.7.4 服务器参数探测

选择后台管理主界面左侧导航栏中的"数据处理"|"服务器参数探测"选项进入该页面。该项主要用来探测服务器的相关参数,这些参数包括服务器的名称和 IP 地址、提供网页服务所使用的端口号、IIS 的版本信息、服务器的本地路径、服务器中 CPU 的数量、服务器所用操作系统等信息,如图 7-23 所示。

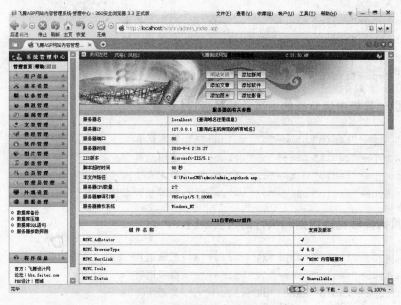

图 7-23 服务器参数探测

7.8 频道管理

频道可看作为网站中的一个网页,可显示在主页框架中,通过菜单来链接。系统默认设置有"版权声明"及"关于我们"两个频道单元,超管可以根据需要添加适当的频道,并通过菜单将其添加显示于前台。下面通过频道管理添加两个频道，分别添加第 5 章和第 6 章的一些内容。

7.8.1　自测练习频道

进入网站管理后，添加一个频道，标题为：自测练习。在内容文本框下面选择 HTML 格式后，将下面一段单选题的表单代码填入。

```
<HTML>   <!--文件名：zc.htm-->
<HEAD><TITLE>自测练习</TITLE></HEAD>
<BODY BGCOLOR=#FFFFFF></H2>
<FORM Action=zc.asp Method=GET><p>
```

1. 构成计算机的物理实体称为【】<P>

```
< INPUT Type=Radio Name="d1" Value="A">计算机系统
< INPUT Type=Radio Name="d1" Value="B">计算机硬件
< INPUT Type=Radio Name="d1" Value="C">计算机软件
< INPUT Type=Radio Name="d1" Value="D">计算机程序<P>
```

2. 计算机软件一般包括【】<P>

```
<input type="radio" name="d2" value="A">程序及数据
<input type="radio" name="d2" value="B">程序及文档
<input type="radio" name="d2" value="C">文档及数据
<input type="radio" name="d2" value="D">算法及数据结构<P>
```

3. 微型计算机中运算器的主要功能是进行【】<P>

```
<input type="radio" name="d3" value="A">算术运算
<input type="radio" name="d3" value="B">逻辑运算
<input type="radio" name="d3" value="C">算术和逻辑运算
<input type="radio" name="d3" value="D">初等函数运算 <P>
```

4. 计算机能够直接识别和执行的语言是【】<P>

```
<input type="radio" name="d4" value="A">汇编语言
<input type="radio" name="d4" value="B">高级语言
<input type="radio" name="d4" value="C">英语
<input type="radio" name="d4" value="D">机器语言 <P>
```

5. 微型计算机的核心部件是【】<P>

```
<input type="radio" name="d5" value="A">总线
<input type="radio" name="d5" value="B">微处理器
<input type="radio" name="d5" value="C">硬盘
<input type="radio" name="d5" value="D">内存储器
```

```
<p>
<INPUT Type=submit Value="提交答卷">    
<font size="4" face="方正姚体" color="#0000FF">单击"提交答卷"按钮后,请稍候...有成
绩返回!</font>
</FORM>
</BODY>
</HTML>
```

单击"确定新增"按钮后,将添加了一个自测练习频道如图 7-24 所示。这时一定要选取频道地址,为下面的添加菜单做准备。

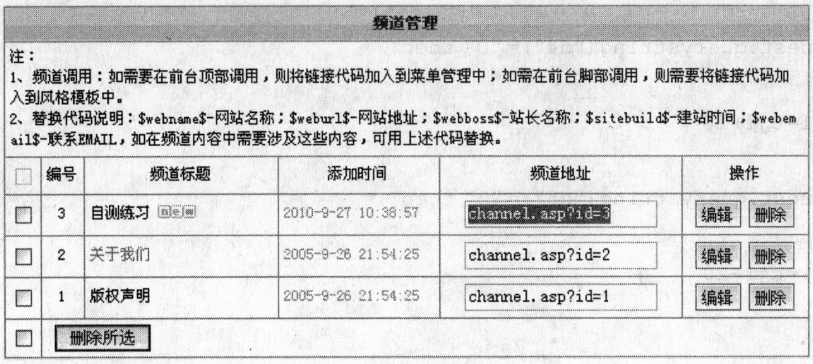

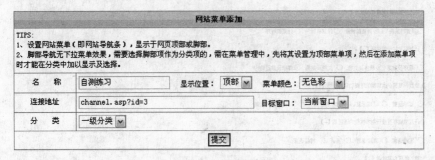

图 7-24　添加频道

选择"基本菜单"|"添加菜单"命令,在"名称"文本框中输入"自测练习",在"连接地址"文本框中输入前面选取的频道地址,如图 7-25 所示。单击"提交"按钮完成菜单添加。这时在前台首页顶部将出现新的菜单"自测练习"。

图 7-25　添加菜单

为了将表单提交后计算出成绩,用记事本完成下面的表单处理的 ASP 程序。文件名为 zc.asp,保存在网站的发布目录下。

```
<%@ Language=VBscript%>
<HTML>          <!--文件名:zc.asp-->
<HEAD><TITLE>作业 1 的处理!</TITLE></HEAD>
<BODY BgColor=#FFFFFF>
<Center><H2>
```

```
<%dim cj1
   cj1=0
if Request.QueryString("d1")="B" then
   cj1=cj1+20
end if
if request.querystring("d2")="B" then
   cj1=cj1+20
end if
if request.querystring("d3")="C" then
   cj1=cj1+20
end if
if request.querystring("d4")="D" then

   cj1=cj1+20
end if
if request.querystring("d5")="B" then

   cj1=cj1+20
end if
%>
   您的成绩是：  <%=cj1%>
</BODY>
</HTML>
```

完成以上操作后,单击主页中的"自测练习"菜单,显示如图 7-26 所示。

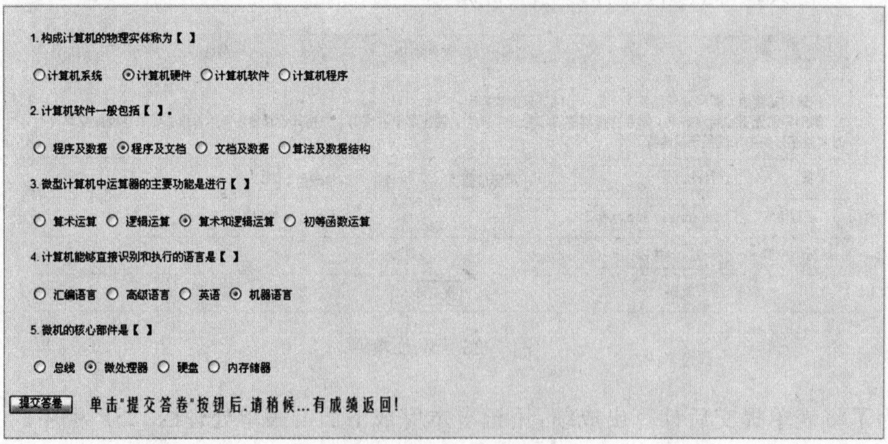

图 7-26　自测练习频道显示

单击"提交答卷"按钮后将显示成绩。

7.8.2　视频教学频道

按第 6 章介绍,建立 RealServer 流媒体服务器,并配置加载点,分别将视频文件

word. rmvb、excel. rmvb、powerpoint. rmvb 保存在指定的文件夹中。URL 的地址分
别是：

- rtsp://202.117.165.37:554/video/ word. rmvb
- rtsp://202.117.165.37:554/video/ excel. rmvb
- rtsp://202.117.165.37:554/video/ powerpoint. rmvb

方法同前，进入网站管理后，添加一个频道，标题为：视频教学。在内容文本框下面
选择 HTML 格式后，将下面一段代码填入。

```
<A href="rtsp://202.117.165.37:554/video/ word.rmvb"><font size=2 color=red>
单击这里观看 Word 教学视频</font></A><br>
<A href="rtsp://202.117.165.37:554/video/ excel.rmvb"><font size=2 color=red>
单击这里观看 Excel 教学视频</font></A><br>
<A href="rtsp://202.117.165.37:554/video/ powerpoint.rmvb"><font size=2 color=red>单
击这里观看 PowerPoint 教学视频</font></A><br>
```

单击"确定新增"按钮后，添加了一个视频教学频道。这时一定要选取频道地址，为下
面的添加菜单做准备。

选择"基本菜单"|"添加菜单"命令，在"名称"文本框中输入"视频教学"，在"连接地
址"文本框中输入前面选取的频道地址。单击"提交"按钮完成菜单添加。这时在前台首
页顶部出现一新的"视频教学"菜单。

完成以上操作后，单击主页中的"视频教学"菜单，显示如图 7-27 所示，单击不同的教
学视频就可以观看流媒体视频文件。

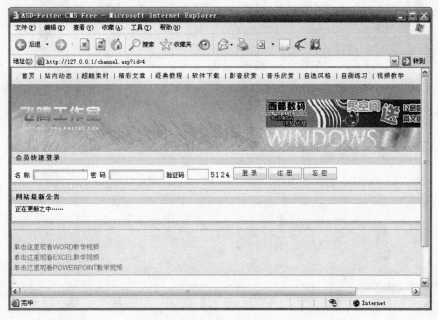

图 7-27　视频教学频道显示

本章小结

本章介绍了内容管理系统(CMS)的基本概念,并引入一款基于 ASP 的内容管理系统——飞腾 CMS,详细讲解了飞腾的安装、基本设置与管理、站务管理、新闻管理、影音管理、数据库管理和频道管理。

习题

问答题:

1. 什么是 CMS? 有什么特点?

2. 飞腾 CMS 采用前后台界面技术,这样做有什么好处?

3. 请描述飞腾 CMS 中新闻分类的作用和建立步骤。

4. 请选择自己熟悉的一款图像处理软件制作一个广告条,并将其加入飞腾网站中。

5. 请结合自己熟悉的工具,利用飞腾设计一个以"2011 西安世界园艺博览会"为主题的网站。

第8章

网络安全

近几年来,网络的应用越来越普及,不断深入到人们工作和学习的各个方面。给人们工作、学习、生活带来了便利,并提供了丰富资源。但是,不得不注意到,网络虽然功能强大,也有其脆弱易受到攻击的一面。据统计,美国每年因网络安全问题所造成的经济损失高达上百亿美元;在我国,每年因黑客入侵、计算机病毒的破坏也造成了巨大的经济损失。人们在利用网络的优越性的同时,对网络安全问题也决不能忽视。

8.1 网络安全的基本概念

网络安全是指采取各种技术和管理措施,使网络系统的硬件、软件及其系统中的数据得到保护,不受偶然的或者恶意的原因而遭到破坏、更改、泄露,确保网络数据的可用性、完整性和保密性。

- 可用性:可被授权实体访问并按需求使用的特性。例如,网络环境下拒绝服务、破坏网络和有关系统的正常运行等都是对可用性的攻击。
- 完整性:数据未经授权不能进行改变的特性。即信息在存储或传输过程中不被修改、不被破坏和丢失的特性。
- 保密性:信息不泄露给非授权的用户、实体或过程,或供其利用的特性。

网络安全威胁会随着技术的发展、周边应用场景的变化等因素而发生变化,新的安全威胁总会不断出现。所以,网络安全建设是一个动态的过程,不能指望一项技术、一款产品或一个方案就能一劳永逸地解决网络的安全问题,网络安全是一个动态、持续的过程。要使安全威胁的风险降到最小,主要依赖 3 个方面:一是威严的法律;二是先进的技术;三是严格的管理。由于 Internet 的开放性和超越组织与国界等特点,使它在安全性上更是存在着许多隐患。而且信息安全的内涵也发生了根本的变化。不仅从一般性的防卫变成了一种非常普遍的防范,而且还从一种专门的领域变成了无处不在。

8.1.1 网络不安全因素

导致网络不安全因素主要来自网络信息系统的开放性、网络信息系统的复杂性和人的因素。三者之中哪个因素都不可完全避免,因此,网络安全威胁必然存在。

由于开放性,网络系统的协议和实现技术等是公开的。其中的设计缺陷很可能被别有用心的人所利用;在网络环境中,可以不到现场就能实施对网络的攻击;网络各成员之间的信任关系可能被假冒等。

复杂性是信息系统的基本特点,硬件的规模、软件系统的规模都比较大,需要投入的人力资源极其庞大。规模庞大特性本身就意味着存在设计隐患,而设计环境和应用环境的差异更是不可避免,导致设计过程不可能尽善尽美。软件漏洞、硬件漏洞、协议设计缺陷等都是典型的由于系统复杂性而导致的网络安全威胁。而且系统越大、越复杂,这种安全隐患就越多。

不管是什么样的网络系统都离不开人的管理,但大多数又缺少安全管理员,特别是高素质的网络管理员。缺少网络安全管理的技术规范,缺少定期的安全测试与检查,更缺少安全监控。此外,黑客攻击无处不在。早期人们对黑客的看法是褒义的,他们是些独立思考、充满自信和展现创意欲望的计算机迷。例如,Microsoft 公司的比尔·盖茨,Apple 公司的伍兹和乔布斯,他们对信息技术和信息革命做出了重大贡献。而当今的黑客则是指专门从事网络信息系统破坏活动的攻击者。由于网络技术的发展,在网上存在大量公开的黑客站点,使得获得黑客工具、掌握黑客技术越来越容易,从而导致网络信息系统所面临的威胁也越来越大。

8.1.2 对安全的攻击

对网络信息系统的攻击有许多种类。美国国家安全局在 2000 年公布的《信息保障技术框架 IATF》3.0 版本中把攻击划分为以下 5 种类型。

- 被动攻击。被动攻击是指在未经用户同意和认可的情况下将信息泄露给系统攻击者,但不对数据信息做任何修改。这种攻击方式一般不会干扰信息在网络中的正常传输,因而也不容易被检测出来。被动攻击通常包括监听未受保护的通信、流量分析、获得认证信息等。被动攻击常用的手段有:
  - 搭线监听。这是最常用的一种手段。只需将一根导线搭在无人值守的网络传输线路上就可以实现监听。只要所搭载的监听设备不影响网络负载平衡,就很难被觉察出来。
  - 无线截获。通过高灵敏度的接收装置接收网络站点辐射的电磁波,再通过对电磁信号的分析,恢复原数据信号,从而获得信息数据。
  - 其他截获。通过在通信设备或主机中预留程序或释放病毒程序后,这些程序会将有用的信息通过某种方式发送出来。其他截获手段包括以下方式:
    - 发送含恶意代码的电子邮件。当用户使用具有执行脚本能力的电子邮件客户端软件时,例如使用 Outlook 打开包含恶意代码的电子邮件时,使计算机受到攻击。
    - 发送带有迷惑性描述并以可执行文件作为附件的电子邮件。当用户执行附件中的可执行文件时,计算机遭到破坏或攻击。
    - 在网上发布带欺骗性的后门程序或病毒软件,号召人们下载。
    被动攻击由于不对被攻击的信息做任何修改,很少或根本就不留痕迹,非常难检测,因而不易被发现。抗击被动攻击的重点在于预防。

- 主动攻击。主动攻击通常具有更大的破坏性。攻击者不仅要截获系统中的数据，还要对系统中的数据进行修改，或者制造虚假数据。主动攻击方式包括：
  - 中断。破坏系统资源或使其变得不能再利用，造成系统因资源短缺而中断。
  - 假冒。以虚假身份获取合法用户的权限，进行非法的未授权操作。
  - 重放。指攻击者对截获的合法数据进行复制，并以非法目的重新发送。
  - 篡改消息。将一个合法消息进行篡改、部分删除，使消息延迟或改变顺序。
  - 拒绝服务。指拒绝系统的合法用户、信息或功能对资源的访问和使用。
- 物理临近攻击。指非授权个人物理接近网络、系统或设备实施攻击活动。
- 内部人员攻击。这种攻击包括恶意攻击和非恶意攻击。恶意攻击是指内部人员有计划地窃听、偷窃或损坏信息，或拒绝其他授权用户的正常访问。有统计数据表明，80%的攻击和入侵来自组织内部。由于内部人员更了解系统的内部情况，所以这种攻击更难于检测和防范。非恶意攻击则通常是由于粗心、工作失职或无意间的误操作而造成对系统的破坏行为。
- 软、硬件装配攻击。指采用非法手段在软、硬件的生产过程中将一些"病毒"植入到系统中，以便日后待机攻击，进行破坏。

8.1.3　有害程序的威胁

1．计算机病毒

计算机病毒是一个程序，一段可执行代码。像生物病毒一样，计算机病毒有其独特的复制能力，可以快速地蔓延，又常常难以根除，它们能把自身附着在各种类型的文件中，当文件被复制或从一个用户传送到另一个用户时，它们就随同文件一起蔓延开来。随着计算机网络的发展，蔓延的速度更加迅速。

2．特洛伊木马程序

这种称谓是借用于古希腊传说中著名的木马计策。冒充正常程序的有害程序，将自身程序代码隐藏在正常程序中，在预定时间或特定事件中被激活，盗取客户资料。

3．程序后门

后门是指信息系统中未公开的通道。系统设计者或其他用户可以通过这些通道出入系统而不被用户发觉。后门的形成可能有几种途径：黑客设置，黑客通过非法入侵一个系统而在其中设置后门，伺机进行破坏活动；非法预留，一些不道德的设备生产厂家或程序员在生产时留下后门，这两种后门的设置显然是恶意的。

4．蠕虫程序

也称超载式病毒，不需要载体，不修改其他程序，而是利用系统中的漏洞直接发起攻击，通过大量繁殖和传播造成网络数据过载，最终使整个网络瘫痪。蠕虫的传播速度是指数级的，往往比传播传统的病毒迅速得多。按一定的策略传播其自身。如果是向相邻的计算机进行传播,那么网络中大量的主机很快就会被蠕虫感染。而这些已经被感染的主机往往会不断地寻找新的感染目标,进而达到大规模消耗网络资源的目的。

蠕虫病毒最典型的案例是莫里斯蠕虫病毒。由于美国于 1986 年制定了计算机安全法,所以莫里斯成为美国当局起诉的第一个计算机犯罪者,他制造的这一蠕虫程序从此被称为莫里斯病毒。

5. 逻辑炸弹程序

这类程序与特洛伊木马程序有相同之处,将一段程序(炸弹)蓄意置入系统内部,在一定条件下发作(爆炸),并大量吞噬数据,造成整个网络爆炸性混乱,乃至瘫痪。

8.1.4 安全需求和安全服务

1. 安全需求

一般认为可以从以下几个方面描述网络信息安全的基本需求:

- 完整性。指信息在存储或传输过程中保持不被修改、不被破坏和不丢失的特性。对于军用信息来说,破坏完整性可能就意味着延误战机、自相残杀或闲置战斗力。破坏信息的完整性是对信息安全发动攻击的最终目的。
- 可用性。指合法用户在使用信息时,其正常请求能及时、正确、安全地得到响应。对可用性的攻击就是阻断信息的可用性,例如,"拒绝服务"就属于这种类型。
- 保密性。指只允许授权用户使用的特性。军用信息、商业信息以及金融信息的安全尤为注重信息的保密性。
- 可控性。是指授权机构对信息的传播及内容具有控制能力。
- 不可否认性。是指信息的行为人要对自己的信息行为负责,不能抵赖自己曾经有过的行为,也不能否认曾经接到对方的信息,这在交易系统中十分重要。通常是通过数字签名和公证机制来保证不可否认性。

2. 安全服务

安全服务是针对网络信息系统安全的基本要求而提出的,通常将为加强网络信息系统安全性及对抗安全攻击而采取的一系列措施称为安全服务。

目前国际上关于信息安全体系结构普遍遵循的是 ISO 制定的,确定了五大类安全服务:

- 鉴别。用于保证通信的真实性,证实接收的数据来自所要求的源方。其次,鉴别还保证通信双方的通信连接不能被第三人介入,以假冒其中的一方而进行非授权的传输或接收。
- 访问控制。用于防止对网络资源的非授权访问,保证系统的可控性。控制的实现方式是认证,即检查欲访问某一资源的用户是否具有访问权。
- 保密。主要用于保护数据以防止被动攻击。保护方式可根据保护范围的大小分为若干级。其中高一级保护可在一定时间范围内保护两个用户之间传输的所有数据。低级保护包括对单个消息的保护或对一个消息中某个特定域的保护。保密业务还有对业务流实施保密,防止敌手进行业务流分析以获得通信的信源、信宿、次数、消息长度和其他信息。

- 完整性。这种安全服务用于对抗主动攻击,即保证所接收的消息未经复制、插入、篡改、重排或重放。另外还能对遭受一定程度毁坏的数据进行恢复。
- 不可否认性。用于防止通信双方中的某一方抵赖所传输的消息。

8.2　网络安全技术

由于网络信息系统存在着这样那样的不安全因素和黑客攻击,使得网络信息系统安全受到极大的威胁。人们对信息安全理论和信息安全技术的研究也不断取得了鼓舞的成果;确立了独立的学科体系;制定了相关法律、规范和标准;建立了评估认证准则、安全管理机制;确定了安全服务内容以及网络安全技术等。

密码、认证、数字签名和其他各种密码协议统称为密码技术,是网络安全技术的核心。对称加密算法标准的提出和应用、公钥加密思想的提出是其发展的重要标志。认证、数字签名和各种密码协议则从不同的需求角度将密码技术进行延伸。认证技术包括消息认证和身份鉴别。消息认证的目的是保证通信过程中消息的合法性、有效性。身份鉴别则保证通信双方身份的合法性,这也是网络通信中最基本的安全保证。数字签名技术可以理解为手写签名的信息电子化的替代技术,主要用于保证数据的完整性、有效性和不可抵赖性等。它不但具有手写签名的类似功能,而且还具有比手写签名更高的可靠性。使其具有很现实的实用价值。

8.2.1　数据加密技术

长期以来,加密技术作为一门高深的技术,鲜为一般人所了解。过去只有谍报、外交和军事人员对加密技术感兴趣。直到近些年,计算机网络通信技术的迅速发展,加密技术才得到特别的重视,并在计算机及其网络系统中得到广泛的应用。只要使用计算机,就可能需要使用加密技术。例如,在硬盘或软盘上存储不愿公开的信息,使用电子邮件来传输重要的信函、技术文档,担心有人入侵计算机网络窃取自己的信息,则需要一些措施来保护各类信息,加密技术是进行安全通信必不可少的重要保障。

加密就是把数据信息(称为明文)转换为不可识别的形式(称为密文)的过程。要想知道密文的内容,必须将其转变为明文,即解密的过程。

数据加密技术涉及以下术语:

- 明文:原始数据。
- 密文:伪装后的数据。
- 密钥:是由数字、字母或特殊符号组成的字符串,用以控制数据加密、解密的过程。
- 加密:把明文转换为密文的过程。
- 加密算法:加密所采用的变换方法。

• 解密：对密文实施与加密相逆的变换，从而获得明文的过程。

加密是在不安全的信息渠道中实现信息安全传输的重要手段。例如，发送方向接收方发送一条信息，发送方须用加密钥匙把信息加密后发送给接收方，接收方在收到密文后，用解密钥匙把密文恢复为明文。如果在信息传输过程中有第三者试图窃密，他只能得到一些无法理解其意义的密文信息。

在计算机中实现的数据加密，其加密或解密变换是由密钥控制实现的。密钥（Keyword）是用户按照一种密码体制随机选取的，通常是一随机字符串，是控制明文和密文变换的唯一参数。根据密钥类型不同将现代密码技术分为两类：一类是对称加密系统，另一类是非对称加密系统。

1. 对称加密技术

在对称加密技术中，对信息的加密和解密都使用相同的密钥，如图 8-1 所示。也就是

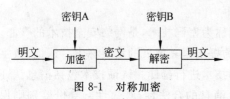

图 8-1　对称加密

说一把钥匙开一把锁。这种加密方法可简化加密处理过程，加密算法实现的速度极快。如果在交换阶段私有密钥未曾泄露，那么机密性和报文完整性就可以得到保证。对称加密技术也存在一些不足，如果交换一方有 N 个交换对象，那么就要维护 N 个私有密钥，对称加密存在的另一个问题是双方共享一把私有密钥，交换双方的任何信息都是通过这把密钥加密后传送给对方的。

对称加密系统最著名的是美国数据加密标准 DES。1977 年美国国家标准局正式公布实施了美国的数据加密标准 DES，公开它的加密算法，并批准用于非机密单位和商业上的保密通信。随后 DES 成为全世界使用最广泛的加密标准。

例 8-1：对称加密。

人们经常需要加密个人计算机上的某一文件或文件夹下的全部文件，防止未经许可的人访问浏览这些私人文档。现在各种办公软件，如 Office、WPS 系列也提供有对文档进行简单加密的功能，但提供的加密算法简单，而且只能对其本身编辑处理的文档进行加密，适用面非常有限。由于这种加密相对来说比较简单，也有不少针对其加密算法的解密软件，造成经其加密的文档并不一定安全。ABI-Coder 不仅可以实现一般加密的需要，其加密级别还可以达到商业级，而且是一个能对任何文件进行加密的免费软件。提供168 位 3 倍 DES 的加密算法，可对文件和文件夹下所有文件的加密。能制作自解密文件，解密时可脱离 ABI-Coder 软件环境。

下载的 Coder.exe 为自安装程序包，直接运行就可以开始 ABI-Coder 的安装过程。按几个 Next 按钮就可以开始其真正的安装过程，最后按 Exit 按钮完成安装。通过开始菜单启动 ABI-Coder 软件后如图 8-2 所示。

常用菜单简单介绍如下：

File

• Exit：退出程序

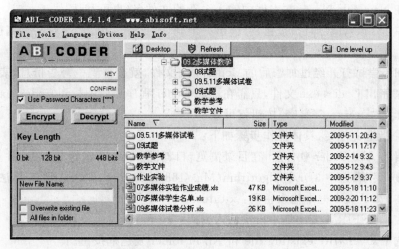

图 8-2　ABI-coder 软件窗口

Tools

- Text Editor：ABI-Coder 提供的文本编辑器。
- Send E-mail：发邮件。
- Self Decrypting File：制作自解密文件。

Language

- English：英语。
- Italian：意大利语。
- German：德语。

Options

- Blowfish Algorithm(Max 448 bits)：Blowfish 加密算法。
- 3DES Algorithm(Max 168 bits)：3 倍 DES 加密算法。
- AES Algorithm(Max 256 bits)：AES 加密算法。
- Overwrite existing file：重写原有文件。
- All in folder：加密指定文件夹下的所有文件。
- Return to default setting：设置复位。

Help：帮助信息。

Info：软件的信息。

加密一指定文件,具体操作步骤如下:

(1) 启动 ABI-Coder 软件后,在目录浏览窗口转到"D:\Download"文件夹,并选中 Coder.exe 文件。进入 Option 菜单,选中 3DES Algorithm(Max 168 bits)命令,即 3 倍 DES 算法。

(2) 在 KEY 文本框中输入密码:xjtucord369。密码至少 8 个字符(64 位),但是 21 个字符(168 位)会更安全。ABI-CODER 使用这个密码加密文件,没有这个密码,任何人都不能解密文件。

(3) 在 CONFIRM 文本框中再次输入密码:xjtucord369。

（4）在 New File Name 文本框中输入一新的文件名（也可默认）。

（5）单击 Encrypt（加密）按钮，会弹出一个确认对话框，单击"是"按钮，稍微等一下，完成加密。加密过程需要 15 秒/兆字节。

（6）如果尝试打开经过加密后的 Coder.exe 文件，就会得到一警告信息，表示加密成功了。要解密出 Coder.exe 文件，只需在 ABI-Coder 程序界面中找到 Coder.exe 文件，单击主界面上的"Decrypt"（解密）按钮就可以了。

加密一指定文件夹，具体操作步骤如下：

（1）启动 ABI-Coder 软件后，在目录浏览窗口转到 D:\09 试题文件夹，并双击打开。进入 Option 菜单，选中 3DES Algorithm（Max 168 bits）命令，即 3 倍 DES 算法。

（2）在 KEY 文本框中输入密码：xjtutest09。

（3）在 CONFIRM 文本框中再次输入密码：xjtutest09。

（4）选中 Overwrite existing file 和 All in folder 复选框按钮。

（5）单击 Encrypt（加密）按钮，会弹出一确认对话框，单击"是"按钮，接下来会对文件夹下的全部文件逐个完成加密。

自解密文件的好处就是不需要 ABI-CODER 软件环境来解密。可以把加密的文件发送给那些没有安装 ABI-CODER 的人，或者带到任何地方，而不需要再额外下载软件。

启动 ABI-Coder 软件后，在目录浏览窗口转到"D:\教学"文件夹，并选中"网络安全.doc"文件。进入 Tools 菜单，选中 Self Decrypting File 命令，一个包含已输入信息的窗口将会出现，你唯一要改的就是输出文件名，默认为"网络安全.exe"，可以改成自己需要的名字，但必须以 .exe 结尾。在加密文件前必须输入一个密码。一切就绪后，单击 Create Self Decrypting File 按钮，一个文件将按指定的文件名创建在当前目录中。

2. 非对称加密技术

在非对称加密体系中，密钥被分解为一对（即公开密钥和私有密钥），如图 8-3 所示。

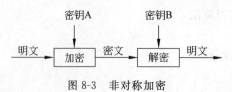

图 8-3　非对称加密

这对密钥中任何一把都可以作为公开密钥（加密密钥）通过非保密方式向他人公开，而另一把作为私有密钥（解密密钥）加以保存。公开密钥用于加密，私有密钥用于解密，私有密钥只能由生成密钥的交换方掌握，公开密钥可广泛公布，但只对应于生成密钥的交换方。非对称加密方式可以使通信双方无须事先交换密钥就可以建立安全通信，广泛应用于身份认证、数字签名等信息交换领域。最具有代表性的是 RSA 公钥密码体制。RSA 算法是 Rivest、Shamir 和 Adleman 于 1977 年提出的第一个完善的公钥密码体制。

例 8-2：非对称加密。

PGP，全称 Pretty Good Privacy，一种在信息安全传输领域首选的加密软件，其技术特性是采用了非对称的"公钥"和"私钥"加密体系。PGP 最初的设计主要是用于邮件加密，如今已经发展到了可以加密整个硬盘、分区、文件、文件夹、集成进邮件软件进行邮件加密，甚至可以对 ICQ 的聊天信息实时加密。

和其他软件一样,下载的 PGP8.exe 为自安装程序包,运行后经过短暂的自解压准备安装过程后,进入安装界面。先是欢迎信息,单击 Next 按钮,然后是许可协议,这里是必须无条件接受的,单击 Yes 按钮,进入提示安装 PGP 过程。这里注意要告诉安装程序,你是新用户,需要创建并设置一个新的用户信息。继续单击 Next 按钮,来到了程序的安装目录,(安装程序会自动检测系统,并生成以系统名为目录名的安装文件夹)建议将 PGP 安装在安装程序默认的目录,也就是系统盘内,程序很小,不会对系统盘有太大的影响。再次单击 Next 按钮,出现选择 PGP 组件的窗口,安装程序会检测系统内所安装的程序。如果存在 PGP 可以支持的程序,将自动选中该支持组件,后面的安装过程就只需一路"Next",最后再根据提示重启系统即可完成安装。

重启后,系统自动进入新用户创建与设置。会出现一个 PGP 密钥生成向导,单击 Next 按钮,进入用户名和电子邮件分配界面(请打开专家设置界面)。在 Full name 文本框中输入想要创建的用户名,Email address 文本框中输入用户所对应的电子邮件地址(最好是常用的,这个邮件地址在公钥中将会显示,这样能使对方更多地确认用户身份),在 Key type 下拉列表中选择 RSA 选项,如图 8-4 所示。完成后单击"下一步"按钮。

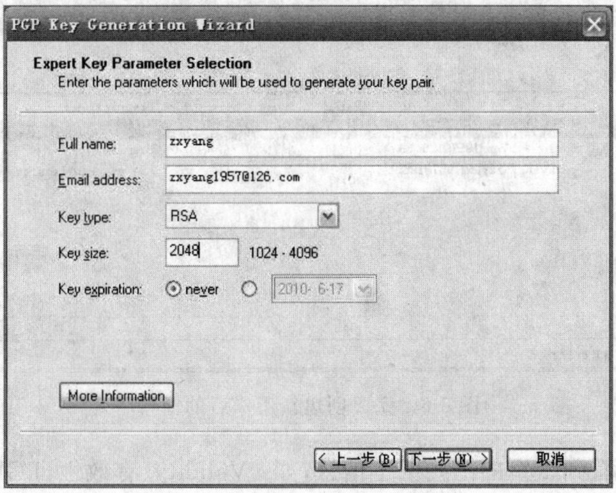

图 8-4　输入用户名和邮件地址对话框

接下来进入私钥密码的设置对话框,如图 8-5 所示。在 Passphrase 文本框中输入需要的密码,Confirmation(确认)再输入一次,长度必须大于 8 位,建议为 12 位以上,如果出现"Warning:Caps Lock is activated!"的提示信息,说明开启了 Caps Lock 键(大小写锁定键),按一下该键关闭大小写锁定后再输入密码,因为密码是要分大小写的。最好别取消选中的 Hide Typing(隐藏输入)复选框,这样就算有人在后面看着你输入,也不会那么容易就知道你的输入到底是什么,更大程度地保护密码安全(当然图 8-5 中是不隐藏输入)。完成后单击"下一步"按钮。完成该 PGP 密钥生成后如图 8-6 所示。初始用户就创建并设置好了。

当然也可通过选择"开始"|"所有程序"|PGP|PGPkeys 菜单命令启动 PGPkeys。选择 Keys|New Key 进入 PGP 密钥生成向导创建和设置另一用户。

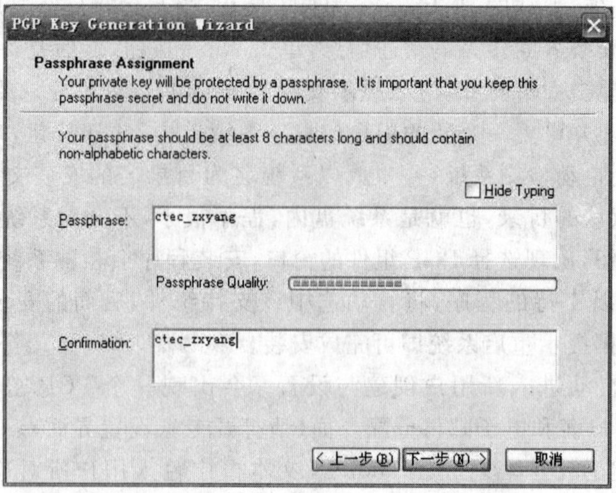

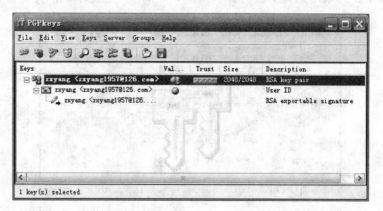

图 8-5　私钥密码的输入对话框

图 8-6　完成创建新用户后的窗口

　　在图 8-6 中可看到密钥的一些基本信息,如:Validity(有效性,PGP 系统检查是否符合要求,如符合,就显示为绿色)、Trust(信任度)、Size(大小)、Description(描述)、Key ID(密钥 ID)、Creation(创建时间)、Expiration(到期时间)等(如果没有那么多信息,使用菜单组里的"View(查看)",并选中里面的全部选项。需要注意的是,这里的用户其实是以一个"密钥对"形式存在的,也就是说其中包含了一个公钥(公用密钥,可分发给任何人,可以用此密钥来对要发给你的文件或者邮件等进行加密)和一个私钥(私人密钥,只有一人所有,不可公开分发,此密钥用来解密别人用公钥加密的文件或邮件)。现在要做的就是要从这个"密钥对"内导出包含的公钥。在图 8-6 中,右击刚才创建的用户,在弹出的快捷菜单中选择"Export…(导出)"命令(也可以单击紫色的磁盘图标实现此功能)。在出现的保存对话框中,确认只选中了 Include 6.0 Extensions(包含 6.0 公钥)选项,然后选择一个目录,再单击"保存"按钮,即可导出该公钥,扩展名为.asc。导出后,就可以将此公钥通过邮件发给他人,告诉他们以后给你发邮件或者重要文件时,通过 PGP 使用此公钥加密后再发给你。

双击对方发送过来扩展名为.asc 的公钥,将会出现选择公钥的窗口,在这里能看到该公钥的基本属性,如有效性、创建时间、信任度等,便于了解是否应该导入此公钥。选好后,单击"Import(导入)"按钮,即可导入进 PGPkeys 中。

选中密钥列表里刚才导入的密钥,在该密钥上右击,选择 Sign(签名)命令,在出现的 PGP Sign Key(PGP 密钥签名)对话框中,单击 OK 按钮,会出现要求为该公钥输入 Passphrase 的对话框,这时就得输入设置用户时的那个密码,然后继续单击 OK 按钮。即完成签名操作,查看密码列表里该公钥的属性,应该在"Validity(有效性)"项目栏显示为绿色,表示该密钥有效。然后再右击,选择 Key Properties(密钥属性)命令,将 Untrusted(不信任的)处的滑块移到 Trusted(信任的),再单击"关闭"按钮即可。这时再看密钥列表里的那个公钥,Trust(信任度)处就不再是灰色了,说明这个公钥被 PGP 加密系统正式接受,可以投入使用了。关闭 PGPkeys 窗口时,可能会出现要求备份的窗口,建议单击"Now Backup(现在备份)"按钮选择一个路径保存,如"我的文档"。此备份的作用是防止下次使用的时候意外删除了重要用户,可以用此备份恢复。

直接在需要加密的文件上右击,会看到一个叫 PGP 的菜单组,进入该菜单组,选择 Encrypt(加密)选项,将出现 PGPshell-Key Selection Dialog(PGP 外壳-密钥选择对话框),如图 8-7 所示。

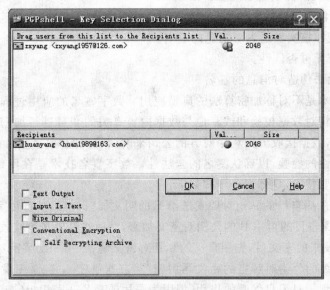

图 8-7　选择加密公钥对话框

在这里可以选择一个或者多个公钥,上面的窗口是备选的公钥,下面的是准备使用的公钥。想要使用备选窗口里的公钥进行加密操作,双击,该公钥就会从备选窗口转到准备使用窗口。已经在准备使用窗口内的,如果不想使用它,也通过双击的方法,使其转到备选窗口。选择好后,单击"确定"按钮,经过 PGP 的短暂处理,会在想要加密的那个文件的同一目录生成一个格式为:加密的文件名.pgp 的文件,这个文件就可以用来发送了。记得,刚才使用哪个公钥加密的,就只能发给该公钥所有人,别人无法解密。只有该公钥所有人才有解密的私钥。

右击要解密的文件图标(有锁的形状),在弹出的快捷菜单中选择 PGP | Decrypt & Verify 命令,显示 PGPshell 对话框,如图 8-8 所示,并要求输入设置用户时的那个密码,输入正确的密码后,弹出保存解密后文件位置的对话框,选择一个路径保存即可。其他类型的加密文件,重复上面的 PGP 菜单组内的 Encrypt(加密)操作即可完成解密。

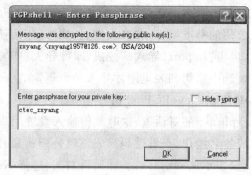

图 8-8　PGPshell 对话框

8.2.2　数字签名技术

数字签名(Digital Signature)是模拟现实生活中的笔迹签名,可以有效防止通信双方的欺骗和抵赖行为。与加密不同,数字签名的目的是为了保证信息的完整性和真实性。数字签名与用户的姓名和手写签名形式毫无关系。它实际上是使用了信息发送者的私有密钥变换所需传输的信息。对于不同的文档信息,发送者的数字签名并不相同。没有私有密钥,任何人都无法完成签名过程。

为使数字签名能代替传统的签名,必须保证能够实现以下功能:

- 接受者能够核实发送者对消息的签名。
- 签名具有无可否认性。
- 接受者无法伪造对消息的签名。

数字签名技术是不对称加密算法的典型应用。数字签名的应用过程是,数据源发送方使用自己的私钥对数据校验和或其他与数据内容有关的变量进行加密处理,完成对数据的合法"签名",数据接收方则利用对方的公钥来解读收到的"数字签名",并将解读结果用于对数据完整性的检验,以确认签名的合法性。数字签名技术是在网络系统虚拟环境中确认身份的重要技术,具体实现步骤如下:

(1) 发送者 A 用自己的私钥对要发送给 B 的明文加密,得到具有数字签名的密文。

(2) 为确保保密目的再用 B 的公钥对密文加密,然后将其发送给接收者 B。

(3) B 收到发来的密文后,先用自己的私钥对密文解密(第一次解密)。

(4) B 再用 A 的公钥对解密的密文再解密(第二次解密),得到 A 发送过来的明文。数字签名虽然起到了对消息保密的作用,但因为采用的是公开密钥,又产生出证明公开密钥的持有者的问题。由此引出数字证明书技术。

8.2.3　数字证书技术

在 8.2.2 节提到,谁来证明公开密钥的持有者是合法的。目前通行的做法是采用数字证书来证实。作用类似于现实生活中的司机驾驶执照、出国人员护照、专业人员专业资格证明书,是进行安全通信的必备工具,它保证信息传输的保密性、数据完整性、不可抵赖性以及交易者身份的确定性。

数字证书是指为保证公开密钥持有者的合法性，由认证机构为公开密钥签发一个公开密钥证书，该公开密钥证书被用来在网络应用中识别通信各方的身份，标志网络用户身份信息的一系列数据。与物理身份证不同的是，数字证书还具有安全、保密、防篡改的特性，可对企业和个人在网上传输的信息进行有效保护和安全传递。

一般来讲，要携带有关证件到各地的证书受理点，或者直接到证书发放机构即 CA 中心填写申请表并进行身份审核。审核通过后交纳一定费用就可以得到装有证书的相关介质，如电子钥匙（外形像 U 盘的一种 USB 设备）或 IC 卡和一个写有密码口令的密码信封。在国际电信联盟 ITU 制定的 X.509 标准中，规定了数字证明书包含以下主要内容：

- 证书所有人的名称。
- 证书所有人的公开密钥。
- 证书发行者对证书的签名。
- 证书的序列号，每个证书都有一个唯一的证书序列号。
- 证书公开密钥的有效日期等。

在进行需要使用证书的网上操作时，必须准备好装有证书的存储介质。操作时，一般系统会自动提示用户出示数字证书或者插入证书介质，插入证书介质后系统将要求输入密码口令。此时需要输入申请证书时获得的密码信封中的密码，密码验证正确后系统将自动调用数字证书进行相关操作。使用后，应记住取出证书介质，并妥善保管。当然，根据不同系统数字证书会有不同的使用方式，但系统一般会有明确提示，使用起来都较为方便。

8.2.4　身份认证技术

数字签名和鉴别技术的一个重要的应用领域就是身份认证。在网络环境中，通过对用户身份的控制来保障网络资源的安全性是一条非常重要的策略。在现实生活中可以通过验证与身份有关的特征信息（如生日）、基于物理标志的特征信息（如指纹、视网膜）和实地取证等手段来验证身份的真伪。在网络环境中，任何对象都是以数据的形式存在的，那么又如何验证身份呢？

目前主要采用的认证方法有 3 种：

- 基于主体特征的认证。根据人们所具有的主体特征（物理标志）来认证是这种方法的特点。早期基于主体特征的认证是根据身份证号码、护照号码、学生证或工作证号码等。20 世纪 80 年代起，磁卡和 IC 卡也可以作为认证的主体特征。随着数字化技术的发展，如今指纹、视网膜等信息都可以作为认证的主体特征信息。这种方法具有很高的安全性。
- 口令机制。利用口令来确认用户的身份是当前最常用的认证手段。口令可由用户选择或系统分配。进入系统时，被要求输入用户标识 ID 和口令。如果输入的口令与存储在系统中的口令相符，则通过身份认证。这种方法简单、易实现，但是也存在容易被破译的缺点。为了提高安全性，口令还有其他多种形式：
  - 一次性口令系统。可以生成一个一次性口令的清单。每次都要求变换口令。问题是要妥善保管和记忆口令表。

- 加密口令对口令。进行加密并存储到口令文件中。即使非法入侵者得到口令文件,也无济于事,因为这些密文作为口令是无效的。
- 限定次数口令。为了增加攻击者用穷举法猜中口令的难度,在口令机制中引入自动断开链接的功能,即只允许输入有限次数的不正确口令;如果输入不正确的口令次数超过规定次数,则自动断开链接。

- 基于公开密钥的认证。随着 Internet 应用的不断普及,电子商务已成为人们日常生活中的可选购物方式之一。为确保网上电子交易的安全,不仅需要对网上传输的信息进行加密,而且还要能对交易双方的身份进行认证。如今,已开发出多种专门用于身份认证的协议,如身份认证协议、安全套接层协议 SSL 以及安全电子交易协议 SET 等。

如为了实现电子商务的安全性,由中国人民银行牵头,工商行、农行、中行、建行等 12 家商业银行联合共建了中国金融认证中心,它是由中国政府授权的一个第三方权威的公证机构。采用国际标准的安全电子交易协议 SET,通过发放数字证书为顾客提供身份认证,为解决网络购物的安全问题提供了保障。

8.2.5　防火墙技术

防火墙是为防止火灾蔓延而设置的障碍。网络系统中防火墙的功能与此类似,是用于防止网络外部的恶意攻击对网络内部造成不良影响而设置的安全防护设施。在网络安全中,使用得最广泛的就是防火墙技术。目前,全球连入 Internet 的计算机中,大约三分之一是在防火墙的保护之下。

1. 防火墙的基本概念

防火墙是一种专门用于保护网络内部安全的系统。它的作用是在本地网内部(intranet)和网络外部(Internet)之间构建网络通信的监控系统,如图 8-9 所示,用于监控所有进、出网络的数据流和来访者。根据预设的安全策略,防火墙对所有流通的数据流和来访者进行检测,符合安全标准的予以放行,不符合安全标准的一律拒之门外。

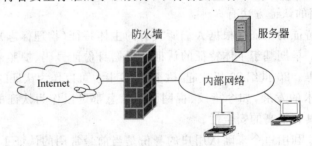

图 8-9　防火墙位置示意图

利用防火墙技术无须对网络中的每台设备进行保护,而是只为所需要的重点保护对象 intranet 设置保护"围墙",并只开一道"门",在该门前设置门卫。所有要进入 intranet 的来访者或"信息流"都必须通过这道门,并接受检查。由于这道门是进入网络内部的唯一通道,只要防护检查严格,拒绝任何不合法的来访者或信息流,就能保证网络安全。

2. 防火墙的功能

对于防火墙有两个基本要求：保证内部网络的安全性和保证内部网和外部网间的连通性。这两者缺一不可，既不能因安全性而牺牲连通性，也不能因连通性而失去安全性。基于这两个基本要求，一个性能良好的防火墙系统应具有以下功能：

- 实现网间的安全控制，保障网间通信安全。
- 能有效记录网络活动情况。
- 隔离网段，限制安全问题扩散。
- 自身具有一定的抗攻击能力。
- 综合运用各种安全措施，使用先进健壮的信息安全技术。
- 人机界面良好，配置方便，容易管理。

实例：设置 Windows XP 防火墙

Windows XP 提供了防火墙的功能，正确设置后可阻止其他计算机、网络与用户计算机建立连接。保护用户计算机系统免受攻击。

单击"开始菜单"｜"设置"｜"控制面板"｜"网络连接"｜"本地连接"菜单命令，打开"本地连接状态"对话框。再单击"属性"｜"高级"｜"设置"菜单命令，打开"Windows 防火墙"设置对话框，如图 8-10 所示。选中"启用"单选按钮。单击"确定"按钮完成设置。

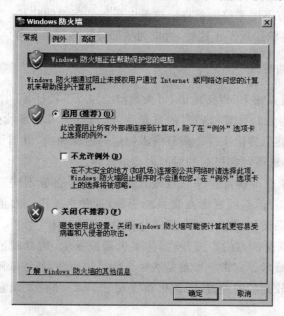

图 8-10 "Windows 防火墙"设置对话框

在例外标签中可添加一些应用程序和端口，使其不受防火墙阻拦，更好地工作。

8.2.6 计算机病毒的防治

在我国颁布的《中华人民共和国计算机信息系统安全保护条例》中指出："计算机病毒，是指编制或者在计算机程序中插入破坏计算机功能或者毁坏数据，影响计算机使用，并能自我复制的程序代码”，就是说计算机病毒是人为制造出来专门威胁计算机系统安全的程序。

1. 计算机中毒的症状

计算机病毒的存在都是有一定症状的。下面给出一些具体症状：

- 屏幕显示异常或出现异常提示。这是有些病毒发作时的症状。
- 计算机执行速度越来越慢。这是病毒在不断传播、复制，消耗系统资源所致。
- 原来可以执行的一些程序无故不能执行了。病毒破坏致使这些程序无法正常运行。
- 计算机系统出现异常死机。病毒感染计算机系统的一些重要文件，导致死机。
- 文件夹中无故多了一些重复或奇怪的文件。例如 Nimda 病毒，它通过网络传播，在感染的计算机中会出现大量扩展名为“.eml”的文件。
- 硬盘指示灯无故闪亮，或突然出现坏块和坏道，或不能开机。
- 存储空间异常减少。病毒在自我繁殖过程中，产生出大量垃圾文件占据磁盘空间。
- 网络速度变慢或者出现一些莫名其妙的网络链接。这说明系统已经感染了病毒或特洛伊木马程序，它们正通过网络向外传播。
- 电子邮箱中有不明来路的信件。这是电子邮件病毒的症状。

计算机中毒的症状远远不止这些，这里列举部分征兆仅供参考。

2. 计算机病毒的特性

计算机病毒的特点很多，概括地讲，可大致归纳为以下特征：

- 感染性：感染性是计算机病毒的重要特性，病毒为了要继续生存，唯一的方法就是要不断地感染其他文件。而且病毒传播的速度极快，范围很广。特别是在互联网环境下，病毒可以在极短的时间内传遍世界。
- 破坏性：无论何种病毒程序一旦侵入都会对系统造成不同程度的影响。有的病毒破坏系统运行，有的病毒蚕食系统资源（如争夺 CPU、大量占用存储空间），还有的病毒删除文件、破坏数据、格式化磁盘，甚至破坏主板等。
- 隐蔽性：隐蔽是病毒的本能特性，为了逃避被察觉，病毒制造者总是想方设法地使用各种隐藏术。病毒一般都是些短小精悍的程序，通常依附在其他可执行程序体或磁盘中较隐蔽的地方，因此很难发现它们，而往往发现它们都是在病毒发作的时候。
- 潜伏性：为了达到更大破坏作用的目的，病毒在未发作之前往往是潜伏起来。有的病毒可以几周或者几个月内在系统中进行繁殖而不被人们发现。病毒的潜伏性越好，其在系统内存在的时间就越长，传染范围也就越广，因而危害就越大。
- 可触发性：病毒在潜伏期内一般是隐蔽地活动（繁殖），当病毒的触发机制或条件满足时，就会以各自的方式对系统发起攻击。病毒触发机制和条件五花八门，如指定日期或时间、文件类型或指定文件名、一个文件的使用次数等。例如，“黑色星期五"病毒就是每逢 13 日的星期五就发作,CIH 病毒 V1.2 发作日期为每年的 4 月 26 日。

- 攻击的主动性:病毒对系统的攻击是主动的,是不以人的意志为转移的。也就是说,从一定的程度上讲,计算机系统无论采取多么严密的防范措施都不可能彻底地排除病毒对系统的攻击,而防范措施只是一种预防的手段而已。
- 病毒的不可预见性:从对病毒的检测方面来看,病毒还有不可预见性。病毒对反病毒软件永远是超前的。新一代计算机病毒甚至连一些基本的特征都隐藏了,有时病毒利用文件中的空隙来存放自身代码,有的新病毒则采用变形来逃避检查,这也成为新一代计算机病毒的基本特征。

3. 计算机病毒的防治

计算机病毒防治的关键是做好预防工作,即防患于未然。而预防工作应包含思想认识、管理措施和技术手段 3 方面的内容。

- 牢固树立预防为主的思想。解决病毒防治关键是要在思想上足够的重视。要"预防为主,防治结合",从加强管理入手,制订切实可行的管理措施并严格地贯彻落实。由于计算机病毒的隐蔽性和主动攻击性,要杜绝病毒的传染,在目前情况下,特别是对于网络系统和开放式系统而言,几乎是不可能的。因此,采用以预防为主,防治结合的防治策略可降低病毒感染、传播的几率。即使受到感染,也可立即采取有效措施将病毒消除,从而达到把病毒的危害降到最低的目的。
- 制定切实可行的预防管理措施。制定切实可行的预防病毒的管理措施,并严格地贯彻执行。大量实践证明这种主动预防的策略是行之有效的。预防管理措施包括:
  - 尊重知识产权,使用正版软件。不随意复制、使用来历不明及未经安全检测的软件。
  - 建立、健全各种切实可行的预防管理规章、制度及紧急情况处理的预案措施。
  - 对服务器及重要的网络设备实行物理安全保护和严格的安全操作规程,做到专机、专人、专用。严格管理和使用系统管理员的帐号,限定其使用范围。
  - 对于系统中的重要数据要定期与不定期地进行备份。
  - 严格管理和限制用户的访问权限,特别是加强对远程访问、特殊用户的权限管理。
  - 随时注意观察计算机系统及网络系统的各种异常现象。经常用杀毒软件进行检测。
  - 网络病毒发作期间,暂时停止使用 Outlook Express 接收电子邮件,避免来自其他邮件病毒的感染。
  - 不在与工作有关的计算机上玩游戏。
- 采用技术手段预防病毒。主要包括以下措施:
  - 安装、设置防火墙,对内部网络实行安全保护。
  - 安装实时监测的杀病毒软件,定期更新软件版本,享受杀毒软件提供的防护服务。

- 从 Internet 接口中去掉不必要的协议,关闭不必要的端口或网络应用程序。
- 不要随意下载来路不明的可执行文件或 E-mail 附件中携带的可执行文件。
- 不要将自己的邮件地址放在网上,以防 SirCam 病毒的窃取。
- 禁用 Windows Scripting Host(WSH),以防求职信(Klez)及其变种病毒的攻击。
- 使用 ICQ 聊天软件时,不要轻易打开陌生人传来的页面链接,以防"W32Leave. worm"之类的 HTML 网页陷阱的攻击。
- 对重要的文件采用加密方式传输。

- 计算机病毒的清除。在检测出系统感染了病毒或确定了病毒种类之后,就要设法消除病毒。消除病毒可采用人工消除和自动消除两种方法。

  - 人工消除病毒法。人工消毒方法是借助使用工具软件对病毒进行手工清除。操作时使用工具软件打开被感染的文件,从中找到并摘除病毒代码,使之复原。手工消毒操作复杂、速度慢、风险大,要求操作者具有熟练的操作技能和丰富的病毒知识。这种方法是专业防病毒研究人员用于消除新病毒时采用的,一般不宜采取这种方式。

  - 自动消除病毒法。自动消除病毒方法是使用杀毒软件来清除病毒。用杀毒软件进行消毒,操作简单,只要按照菜单提示和联机帮助去操作即可。自动消除病毒法具有效率高、风险小的特点,是一般用户都可以使用的杀毒方法。

目前,国内常用的杀毒软件有瑞星杀毒软件、KVW3000、金山杀毒软件、蓝盾杀毒软件、千禧杀毒软件等。

8.2.7 访问控制技术

为保障网络信息系统的安全,限制对网络信息系统的访问和接触是重要措施。就好比国家重点机密设施由军队守卫、辅以极其严密的安全防范机制,来保证其防卫的万无一失。网络信息系统的安全也可采用类似的安全机制和访问控制技术来保障。

- 建立、健全安全管理制度和措施。必须从管理角度来加强安全防范。通过建立、健全安全管理制度和防范措施,约束对网络信息系统的访问者。如规定重要网络设备使用的审批、登记制度,网上言论的道德、行为规范,违规、违法的处罚条例等。规章制度虽然不能防止数据丢失或者操作失误,但可以避免、减少一些损失,特别是养成了良好习惯的用户可以大大减少犯错误的机会。
- 限制对网络系统的物理接触防止。人为破坏的最好办法是限制对网络系统的物理接触。但是物理限制并不能制止偷窃数据。而且,限制物理接触虽然可能会制止故意的破坏行为,但是并不能防止意外事件。
- 限制对信息的在线访问。限制对网络系统访问的方法是使用用户标识和口令。而通过用户标识和口令进行信息数据的安全保护,其安全性取决于口令的秘密性和破译口令的难度。发觉或破译一个口令需要选择适当的组合方式以及长度,就能使黑客破译口令的成功率大大降低。

- 设置用户权限。通过在系统中设置用户权限可以减小系统非法进入造成的破坏。用户权限是指限制用户具有对文件和目录的操控权力。当用户申请一个计算机系统的帐号时,系统管理员会根据该用户的实际需要和身份分配给一定的权限,允许其访问指定的目录及文件。用户权限是设置在网络信息系统中信息安全的第二道防线。

通过配置用户权限,黑客即使得到了某个用户的口令,也只能行使该用户被系统授权的操作,不会对系统造成太大的损害。

8.3　瑞星杀毒软件

网上病毒肆虐,仅仅依靠操作系统的安全设置,并不能满足防护的需求,安装杀毒软件就成为了个人用户的必然选择,杀毒软件是用来消除计算机病毒、木马和恶意软件的一类软件。杀毒软件通常集成有监控识别、病毒扫描、清除和自动升级等功能,有些杀毒软件还带有数据恢复、防御、实用工具、系统漏洞扫描与修复等功能。下面以瑞星杀毒软件为例,学习杀毒软件的相关知识和技巧。

8.3.1　模式选择

正确安装并启动瑞星 2010 后,如图 8-11 所示。瑞星杀毒软件提供了两种模式,家庭模式和专业模式。

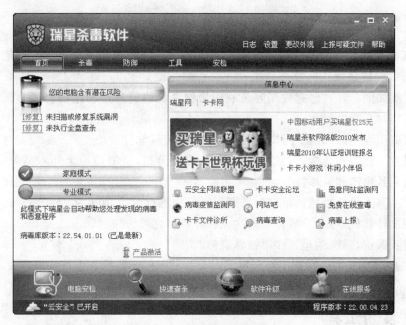

图 8-11　瑞星杀毒软件

- 选择家庭模式,瑞星软件会将绝大多数的处理方式设置为"自动",对于一般用户来说,在使用计算机时,不会被太多的提示信息所困扰,无须进行复杂的设置,瑞星软件将给予最为全面的安全保护。

- 选择专业模式,如果对软件操作极为熟悉,也乐于经常根据需要对软件作出设置,则适合使用"专业模式"。在此模式下,将采用"交互"式处理模式,大多数举动都会弹出对应的提示信息,方便进行判断,或根据提示内容进行对应操作。

8.3.2　查杀病毒

杀毒软件最基本的功能就是查杀病毒,使用瑞星杀毒软件查杀病毒非常简单。其具体方法是单击【杀毒】标签页,在【查杀目标】中设置需要进行查杀的对象,单击【开始查杀】按钮,对当前所选对象中的文件进行扫描。

如果需要对某一文件杀毒,可将该文件拖入瑞星杀毒软件主程序,对其进行立即查杀。

若需要进行全盘杀毒,可在【杀毒】标签页,使用【查杀目标】中的默认设置,并单击右侧【设置】中的【开始查杀】按钮。

右击屏幕右下角小伞,在弹出的菜单中选择【开启所有监控】或【禁用所有监控】命令可以启用或禁用所有监控和智能主动防御。

右击屏幕右下角小伞,在弹出的菜单中选择【切换帐户】命令可弹出管理员帐户、普通帐户菜单,在此可切换帐户。管理员帐户拥有所有权限,普通帐户模式下则无法修改部分设置。当禁用所有监控或切换帐户时,为了防止病毒恶意攻击,必要时需要输入验证码。若开启了瑞星密码则需要输入正确的瑞星密码才能设置成功。

8.3.3　防御系统

单击【防御】标签页,可以看到智能主动防御和实时监控两大分类。在智能主动防御选项中,可以看到其默认已经开启了:

- 系统加固。针对恶意程序容易利用操作系统脆弱点进行监控、加固,以抵御恶意程序对系统的侵害。
- 对应用程序的加固。可以保护 IE 和 Office 等软件。
- 对木马行为的防御。可以对木马行为进行分析,智能监控未知木马等病毒,抢先阻止其偷窃和破坏行为。
- 对木马入侵的拦截。可以对恶意网页行为进行监控,阻止木马病毒通过网站入侵用户计算机,将木马病毒威胁拦截在计算机之外。
- 自我保护,保护瑞星程序不被恶意修改。

在实时监控中,可以看到已经开启了对文件和邮件的监控。也可根据需要,对其进行设置。

8.3.4　实用工具

单击【工具】标签页,可以看到以下实用工具:

- 瑞星卡卡上网安全助手。不仅提供全面的反木马、反恶意网址功能,而且拥有强大的漏洞扫描和修复系统、系统优化、在线诊断等常用功能,本产品针对互联网安全态势随时增加新的功能,是必备的免费上网安全工具。

- 瑞星助手。瑞星助手是瑞星杀毒软件的动画角色。通过鼠标双击瑞星助手图标,可启动瑞星安全软件主程序界面。
- 引导区备份工具。引导区备份工具仅备份引导区数据。在备份后,还可以使用引导区恢复功能,通过工具恢复引导区数据。
- 引导区恢复工具。在使用引导区备份工具后,如果遇到引导区数据丢失、损坏等问题,可以使用该工具恢复引导区数据。
- 瑞星安装包制作程序。瑞星安装包制作程序用于将当前版本的瑞星软件制作成安装程序,以便随时安装这个版本到其他的计算机中。从而省去了安装老版本再升级到当前版本的过程,节省了下载的时间和网络流量。请注意,使用该安装包时,必须使用当前产品的序列号,其他序列号无效。
- 病毒隔离区。病毒隔离区将安全隔离并保存染毒文件的备份,可以从中恢复染毒文件。此功能可挽回误操作或异常情况下造成的文件损失,提供更安全的保障。
- 病毒库 U 盘备份工具。备份最新的病毒库文件到 U 盘,能够配合瑞星软件或者瑞星原版启动盘用最新的病毒库进行杀毒,可以清除某些无法在 Windows 下清除的病毒。
- 帐号保险柜。针对网络游戏、股票软件、即时通信软件(QQ、MSN 等)、网上银行客户端等软件所面临的威胁,保护数百种常用软件和数十款网上银行的帐号、密码不被木马病毒窃取。
- 专杀工具,专杀工具是瑞星软件针对流行病毒推出的专用安全工具,可以通过单击“工具”|“专杀工具”命令下相应专杀工具的“运行”命令以启动需要的专杀工具。

8.3.5　安全检查

单击【安检】标签页,可以看到计算机安全检测的结果和专家建议。建议通过下面的操作提高计算机的安全等级。

- 加入瑞星“云安全”计划。
- 升级瑞星杀毒软件。
- 立刻全盘查杀。
- 扫描系统漏洞并升级补丁。
- 开启实时监控。
- 开启智能主动防御。
- 设置瑞星病毒隔离区大小。

8.3.6　瑞星卡卡

卡卡上网安全助手是一款基于互联网而设计的全新的反木马软件。依托瑞星的“云安全”计划,可以有效拦截、防御、查杀各种木马病毒,并能自动扫描并修复系统和第三方软件的漏洞,优化计算机系统。

启动卡卡上网安全助手后,如图 8-12 所示。提供了"常用"、"实时防护"、"高级工具"、"在线求助"、"杀毒软件"、"防火墙"、"软件推荐"7 个标签页。当鼠标指向不同标签时在窗口的左边显示所提供的全部助手。下面简要介绍常用助手的功能。

图 8-12　瑞星卡卡

1. 系统修复

在使用计算机时,感觉到系统发生异常,可以通过系统修复功能对系统进行修复,而不需要任何的专业知识。单击"系统修复"图标,卡卡安全助手将会自动修复被篡改的项目。如果是计算机初学者,请选用"快速修复",如果对计算机有一定的了解,可以选择"自定义修复"。

目前网上很多病毒都会破坏系统设置,诸如出现篡改 IE 浏览器主页、弹窗广告等现象。"自定义修复"功能则可以对系统中的异常项目进行自主修复,只需选择要修复的项目,然后单击"修复选中项"按钮即可对计算机中异常项目进行修复,使计算机恢复正常。

2. 在线诊断

作为瑞星"云安全"计划的核心功能,自动在线诊断功能可以自动检测并提取计算机中的可疑木马样本,并上传到瑞星"木马/恶意软件自动分析中心",随后将分析结果反馈给用户,查杀木马病毒,并通过"瑞星安全资料库",分享给其他所有使用"卡卡"的用户。

3. IE 保护

在上网过程中,IE 主页的地址会变成别的网址,而且还改不回来,这样的恶意网站相当的令人反感。卡卡上网安全助手新版在原瑞星卡卡正式版的 IE 修复功能基础上,增加了"IE 主页保护功能",为用户的 IE 首页保驾护航。

该功能主要通过两种方法来保护用户的 IE 主页,第一种方法是从内部保护,也就是通过锁定 IE 的主页,防止病毒进行恶意篡改,只需要在 IE 主页保护设置中直接输入自己想要设置主页的网址便可锁定 IE 主页。第二方法是从源头保护,由于病毒篡改 IE 主页的方式多种多样,为了防止 IE 主页锁定意外失效。只需将顽固的恶意首页加入黑名单中,如再次出现篡改现象,本功能将自动跳转到事前锁定的主页上,为 IE 首页提供全方位的保护。

4. 扫描流氓软件

流氓软件从最初的恶意网页脚本到恶意插件绑定,再到后来肆无忌惮夹杂着各种病毒及广告程序,系统被搞得就像流氓软件自己家的"后院"似的,想什么时候进来就什么时候进来。瑞星卡卡上网安全助手提供的流氓软件扫描功能依靠瑞星强大的反流氓软件技术,可彻底扫描并清除系统中的流氓软件。

5. 查杀流行木马

随着病毒便携技术的不断发展,木马程序对用户的威胁越来越大,尤其是一些木马程序采用了非常狡猾的手段来隐蔽自己,使普通用户很难在中毒后发觉。瑞星卡卡上网安全助手提供的查杀流行木马功能可以最快的速度了解用户计算机中是否存在病毒,并进行及时清除。

6. 漏洞扫描与修复

卡卡上网安全助手使用全新的漏洞扫描引擎,细化了补丁分类,智能检测 Windows 漏洞、非安全更新、第三方应用软件漏洞和相关的安全设置,并帮助用户修复。

7. 进程管理

现在安装软件的时候软件经常会"自作主张"安装诸如浏览器插件、自启动程序等,这些额外插件、启动项都会使系统变得慢吞吞的。此时只需使用卡卡安全助手便可以有效清除额外的插件、启动项,对系统进行深层优化。

8. 计算机使用痕迹清理

计算机使用时间久了之后系统会产生很多的垃圾文件,致使系统逐渐如"老爷车"一般慢吞吞的。痕迹清理可以清理上网痕迹和软件使用记录,让计算机再次焕发活力。

8.4　360 安全卫士的使用

360 安全卫士是一款完全免费的安全类上网辅助工具软件。拥有查杀流行木马、清理恶评及系统插件、管理应用软件、检测隐藏文件及进程病毒、系统实时保护、修复系统漏洞等数个强劲功能,同时还提供系统全面诊断、清理插件、清理使用痕迹以及系统修复等特定辅助功能,并且提供对系统的全面诊断报告。

　　360一启动就进行一次系统安全检测,对于用户来说是非常重要的。因为只要经过这个检测,就可以大概了解计算机处于什么样的状态了。通常的提示有以下几种:系统或软件有漏洞、系统有木马、系统安装有恶评软件等。只要根据提示就可以找到相应的解决办法了。它能与其他杀毒软件和谐共存,无冲突运行,为计算机安全提供另外一个优秀选择。

　　正常启动360后,如图8-13所示。下面主要介绍常用的功能。

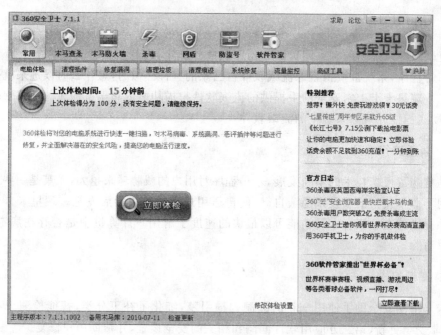

图 8-13　360 安全卫士

- 计算机体检。360体检将对计算机系统进行快速一键扫描,对木马病毒、系统漏洞、恶评插件等问题进行修复,并全面解决潜在的安全风险,提高计算机运行速度。

  选择"电脑体检"标签,单击"立即体检"按钮,360会给出体检得分,如果为:100 ★★★★★ 则表示该计算机非常健康。

- 清理插件。选择"清理插件"标签,360会自动进行扫描,显示计算机中当前使用的全部插件,因为过多的插件会拖慢计算机及浏览器的速度。360会给出清理建议,可根据每个插件的情况酌情删除。方法是单击插件名称前的复选框(即选择)后,单击"立即清理"按钮,完成清理插件。

- 修复漏洞。系统漏洞这里是特指 Windows 操作系统在逻辑设计上的缺陷或在编写时产生的错误,这个缺陷或错误可以被不法者或者计算机黑客利用。通过植入木马、病毒等方式来攻击或控制整个计算机,从而窃取计算机中的重要资料和信息,甚至破坏系统。

  选择"修复漏洞"标签,360漏洞修复会根据计算机环境的情况智能安装补丁,节省系统资源,保证计算机安全。补丁不是安装得越多越好。如果安装了不需要安装的补丁,不但浪费系统资源,还有可能导致系统崩溃。

- 清理垃圾。定期清理系统中的无用文件,可以释放占用的磁盘空间,让系统运行更流畅。

  选择"清理垃圾"标签,单击"开始扫描"按钮,360 会自动进行扫描,显示计算机中当前发现的垃圾文件个数和占用的空间,单击"立即清理"按钮,完成清理垃圾。

- 清理痕迹。很多软件会在使用后留下包含个人信息的使用痕迹,经常清理可以保护个人隐私。

  选择"清理痕迹"标签,单击"开始扫描"按钮,360 会自动进行扫描,显示计算机中当前发现可清理的项目个数和占用的空间,单击"立即清理"按钮,完成清理痕迹。

- 系统修复。选择系统修复标签,360 会自动进行扫描,显示计算机中当前发现的危险项,单击"一键修复"按钮,完成系统修复。

8.5　Windows XP 安全应用

在现今的网络环境中,保证网上计算机的安全应用是一个十分复杂的任务。对于通过 Windows XP 上网的用户,存在着一些不尽人意的地方。例如经常出现的网络不通、浏览器不能正常启动、被黑客攻击。希望通过关注下面的一些问题,逐步建立网络用户的安全意识,积累安全应用计算机网络的经验。

1. 更换管理员帐户

许多人安装了 Windows XP 操作系统以后,从来不设置 Administrator 帐户的密码,该帐户拥有最高的系统权限,一旦该帐户被人利用,后果不堪设想。黑客入侵的常用手段之一就是试图获得 Administrator 帐户的密码,首先是为 Administrator 帐户设置一个强大复杂的密码,然后重命名 Administrator 帐户。方法如下:

单击"控制面板"|"管理工具"|"本地安全策略"命令,打开本地安全策略窗口,选择窗口左边的"本地策略"|"安全选项",在右边找到"重命名系统管理员帐户"进行修改。

2. 删除不必要的协议

对于一般用户来说,只安装 TCP/IP 协议就够了。右击"网上邻居",选择"属性"命令,再右击"本地连接",选择"属性"命令,卸载不必要的协议。其中 NETBIOS 是很多安全缺陷的根源,对于不需要提供文件和打印共享的主机,还可以将绑定在 TCP/IP 协议的 NETBIOS 关闭,避免针对 NETBIOS 的攻击。选择"TCP/IP 协议"|"属性"|"高级",进入"高级 TCP"|" IP 设置"对话框,选择" WINS "标签,勾选"禁用 TCP/IP 上的 NETBIOS"复选框,关闭 NETBIOS。

3. 把 Guest 帐号禁用

有很多入侵都是通过这个帐号进一步获得管理员密码或者权限的。如果不想把自己的计算机给别人当玩具,还是禁止的好。打开"控制面板",双击"用户帐户",打开用户帐户窗口,单击 Guest 帐户后选择"禁用来宾帐户"完成设置。

4. 安装必要的安全软件

还应在计算机中安装并使用必要的防黑软件,杀毒软件和防火墙都是必备的。在上网时打开,即便有黑客进攻,计算机的安全也是有保证的。

5. 不要回陌生人的邮件

有些黑客可能会冒充某些正规网站的名义,然后编个冠冕堂皇的理由寄一封信给用户,要求输入上网的用户名称与密码,如果按下"确定"按钮,该帐号和密码就进了黑客的邮箱。所以不要随便回陌生人的邮件,即使说得再动听、再诱人也不上当。

6. 防范木马程序

木马程序会窃取所计算机中的有用信息,因此也要防止被黑客植入木马程序,常用的办法有:

- 在下载文件时先放到自己新建的文件夹里,再用杀毒软件来检测,起到提前预防的作用。
- 在"开始"|"程序"|"启动"选项里查看是否有不明的运行项目。如果有,删除即可。

7. 做好 IE 的安全设置

ActiveX 控件有较强的功能,但也存在被人利用的隐患。网页中的恶意代码往往就是利用这些控件编写的小程序,只要打开网页就会被运行。所以要避免恶意网页的攻击只有禁止这些恶意代码的运行。IE 对此提供了多种选择,具体设置步骤是:选择"工具"|"Internet 选项"|"安全"|"自定义级别"命令,建议将 ActiveX 控件与相关选项禁用。

8. 系统补丁

建议给自己的系统打上补丁并经常升级,微软那些没完没了的补丁还是很有用的!

9. 禁用 Remote Registry

使远程用户能修改此计算机上的注册表设置。注册表可以说是系统的核心内容,一般都不建议自行更改,更何况要让别人远程修改,所以这项服务是极其危险的。

选择"控制面板"|"管理工具"|"服务"命令,打开"服务"窗口,再双击 Remote Registry 选项,在弹出的属性对话框中设置启动类型为"已禁用"。

本章小结

本章主要介绍了计算机网络安全的基本概念、面临的威胁和攻击,使读者了解网络安全要实现的目标、目前网络安全的漏洞和防范措施;介绍了密码系统的分类及其应用实例、数字签名技术、数字证明书技术、身份认证技术;介绍了防火墙的基本概念和功能,计算机病毒的防治;瑞星杀毒软件和 360 安全卫士的使用;最后介绍了 Windows XP 应用中的一些防范技巧。

习题

单选题:

1. 加密技术分为 2 种类型:对称式加密和(　　)。
   A. 文字　　　　　　B. 图像　　　　　　C. 非对称式加密　　　　D. 随机加密

2. 网络安全具有的 4 个特征是保密性、完整性、(　　)和可控性。
   A. 随机性　　　　　B. 人性　　　　　　C. 可理解性　　　　　　D. 可用性

3. 数据安全是指保证对所处理数据的(　　)、完整性和可用性。
   A. 可操作性　　　　B. 保密性　　　　　C. 合理性　　　　　　　D. 可计算性

4. 计算机病毒是计算机系统中一类隐藏在(　　)上蓄意进行破坏的程序。
   A. 内存　　　　　　B. 文件　　　　　　C. 传输介质　　　　　　D. 网络

5. 保障信息安全最基本、最核心的技术措施是(　　)。
   A. 信息确认技术　　　　　　　　　　　B. 信息加密技术
   C. 网络控制技术　　　　　　　　　　　D. 反病毒技术

6. 下列(　　)是用于身份认证的方法。
   A. RSA 算法　　　B. 比较诊断法　　　C. 口令机制　　　　　　D. 包过滤

7. 计算机信息系统的安全是指保证对所处理数据的保密性、(　　)和可用性。
   A. 可理解性　　　B. 完整性　　　　　C. 可关联性　　　　　　D. 安全性

8. 防止信息泄露的有效技术之一是加密技术,它的核心技术是(　　)。
   A. 密码学　　　　B. 物理学　　　　　C. 化学　　　　　　　　D. 生物学

9. 计算机病毒是(　　)。
   A. 一种病毒　　　　　　　　　　　　　B. 一种软件
   C. 一种起破坏作用的软件　　　　　　　D. 一种系统软件

10. 计算机病毒活动时,会发现(　　)。
    A. 运行速度变快　　　　　　　　　　　B. 运行速度变慢
    C. 运行速度不变　　　　　　　　　　　D. 没有影响

11. 下列攻击中,(　　)属于主动攻击。
    A. 无线截获　　　B. 搭线监听　　　　C. 拒绝服务　　　　　　D. 流量分析

12. 消除病毒可采用（　　）和自动消除两种方法。

　　A. 人工消除　　　B. 机械消除　　　C. 安全消除　　　　　D. 药物消除

13. 防火墙技术从原理上可以分为（　　）和代理服务器技术两种。

　　A. 包过滤技术　　　　　　　　B. DES 算法

　　C. 插入式加密法　　　　　　　D. Vigenère 加密法

14. 对称式加密法采用的是（　　）。

　　A. RSA 算法　　　B. DES 算法　　　C. Vigenère 加密法　　　D. 插入式加密法

问答题：

1. 简述网络安全的基本概念。

2. 网络安全要实现的目标是什么？

3. 结合实际情况，说说一些网络安全事故的原因所在。

4. 说一说计算机病毒的危害。

5. 防火墙能防病毒吗？为什么？

参 考 文 献

1. 冯博琴,吕军. 计算机网络. 北京：清华大学出版社,2000.
2. 刘瑞挺. 三级教程-网络技术. 北京：高等教育出版社,2002.
3. 程向前. 基于开放平台的网页设计与编程. 北京：清华大学出版社,2002.
4. 蔡翠平,尚俊杰. 网络程序设计-ASP. 北京：清华大学出版社,2002.
5. 李军义,余超. 新编 Internet 基础及应用教程. 北京：清华大学出版社,2002.
6. 谢希仁. 计算机网络(第 4 版). 北京：电子工业出版社,2003.
7. 崔亚量,梁新民. Internet 应用. 成都：成都时代出版社,2006.
8. Stanford H. Rowe Marsha L. Schuh. 计算机网络. 北京：清华大学出版社,2006.
9. 冯博琴,程向前. 计算机网络应用基础. 北京：人民邮电出版社,2009.

大学计算机基础教育规划教材

近 期 书 目

大学计算机基础(第 3 版)("国家精品课程"、"高等教育国家级教学成果奖"配套教材)

大学计算机基础实验指导书("国家精品课程"、"高等教育国家级教学成果奖"配套教材)

大学计算机应用基础(第 2 版)("国家精品课程"、"高等教育国家级教学成果奖"配套教材)

大学计算机应用基础实验指导("国家精品课程"、"高等教育国家级教学成果奖"配套教材)

C 程序设计教程

Visual C ++ 程序设计教程

Visual Basic 程序设计

Visual Basic. NET 程序设计(普通高等教育"十一五"国家级规划教材)

计算机程序设计基础——精讲多练 C/C ++ 语言(普通高等教育"十一五"国家级规划教材)

微机原理及接口技术(第 2 版)

单片机及嵌入式系统(第 2 版)

数据库技术及应用——Access

SQL Server 数据库应用教程

Visual FoxPro 8.0 程序设计

Visual FoxPro 8.0 习题解析与编程实例

多媒体技术及应用(普通高等教育"十一五"国家级规划教材)

计算机网络技术及应用(第 2 版)

计算机网络基本原理与 Internet 实践

Java 语言程序设计基础(第 2 版)(普通高等教育"十一五"国家级规划教材)

Java 语言应用开发基础(普通高等教育"十一五"国家级规划教材)